大数据平台
基础架构指南

刘旭晖 著

電子工業出版社
Publishing House of Electronics Industry
北京•BEIJING

内 容 简 介

当前不乏大数据具体技术组件的书籍，但却很少有从大数据平台整体建设和产品形态的宏观角度入手来阐释的。本书重点介绍大数据开发平台服务构建的整体思路和解决方案，内容涵盖一个成熟的大数据开发平台必不可少的各类核心组件：工作流调度系统、集成开发环境、元数据管理系统、数据交换服务、数据可视化服务、数据质量管理服务，以及测试环境的建设等。书中还凝结了作者多年平台建设的实践经验，以及对大数据相关从业人员能力建设和职业规划的宝贵建议。

本书适合广大志在深入了解大数据平台建设、开发和应用的在职人员及院校师生。

图书在版编目（CIP）数据

大数据平台基础架构指南 / 刘旭晖著. —北京：电子工业出版社，2018.7

ISBN 978-7-121-34259-2

Ⅰ. ①大… Ⅱ. ①刘… Ⅲ. ①数据处理－指南 Ⅳ.①TP274-62

中国版本图书馆 CIP 数据核字（2018）第 109376 号

策划编辑：张春雨
责任编辑：牛 勇　　　特约编辑：赵树刚
印　　刷：北京盛通商印快线网络科技有限公司
装　　订：北京盛通商印快线网络科技有限公司
出版发行：电子工业出版社
　　　　　北京市海淀区万寿路 173 信箱　　　邮编：100036
开　　本：720×1000　1/16　　印张：15.5　　字数：322.4 千字
版　　次：2018 年 7 月第 1 版
印　　次：2022 年 3 月第 8 次印刷
定　　价：69.00 元

凡所购买电子工业出版社图书有缺损问题，请向购买书店调换。若书店售缺，请与本社发行部联系，联系及邮购电话：（010）88254888，88258888。

质量投诉请发邮件至 zlts@phei.com.cn，盗版侵权举报请发邮件到 dbqq@phei.com.cn。

本书咨询联系方式：010-51260888-819，faq@phei.com.cn。

推荐序一

认识作者是在我加入蘑菇街以后，我更习惯叫他“天火（作者在蘑菇街的花名）老师”。天火老师当时就在做蘑菇街大数据平台的建设工作。知道天火老师之前在 Intel 是大数据开源社区的积极贡献者，也参与过不少大数据平台开源系统的开发，经验非常丰富。而一线实践者对自己经验的总结，则是非常宝贵的，因为在计算机的技术领域，只有自己经历过，才能积累经验和能力，所以这样的作品，非常值得读者一看。

大数据这个词，看起来这两年没有早几年的时候时髦和流行。但是现在非常流行的人工智能技术首先就离不开大数据的支撑，而之所以现在大家不再像早几年那样张口闭口大数据，也是因为大数据已经逐渐变成普遍存在且对我们很有帮助的一个事物了。所以系统化地去介绍大数据平台的基础架构，可以帮助更多的人来了解大数据平台。

作者在我们公司内网也会经常发表一些逻辑清晰、内容丰满的文章，所以当看到这本书稿的时候，我一点也不惊讶。本书的构成，作者在前言中已经介绍得很清晰了，内容可以说非常全面。而看到这些章节，都能让我想到在和天火老师工作中聊到和学习到的点点滴滴。而且我深深地觉得，天火老师确实是把自己工作中及业余时间在大数据平台领域的经验都毫无保留地贡献给了读者。

而令我没有想到的是，本以为只是一本纯粹谈大数据平台技术的专业书，结果在最后一章作者谈到了大数据工程师的成长和发展的问题，这让我觉得作者真的很有心。当年我在写自己的书的时候，完全不会想到可以谈一下相关从业人员的成长和发展，而实际上，这也确实是很多从业人员关心的内容。作为经验丰富的过来人，我相信他的建议可以给广大读者以帮助。

曾宪杰
美丽联合集团 CTO
《大型网站系统与 Java 中间件实践》作者

推荐序二

“知道一个概念和真正懂得这个概念有很大的区别。”经历过复杂系统搭建的人往往有切肤之痛——系统建设的难点不在于组装多少时髦组件，而在于对技术和产品本质的理解，以及对公司文化、业务特点、团队组成等一系列真实世界问题的认知、思考和权衡，而建设大数据平台的挑战和迷人之处往往也就在于此。

本书是中文技术世界里少有的对大数据平台建设思想进行如此系统阐述的书籍，读起来让人酣畅淋漓。这样带有思考结晶的书，真心值得推荐给每一位参与大数据平台建设的同学。

郭威

51 信用卡 CTO

前　言

Do the right thing first, then do the thing right ——先做正确的事，再把事情做对。

本书的目标定位

市面上介绍大数据具体技术组件的书很多，既有像《Hadoop 权威指南》这种介绍 Hadoop 生态系中主要的几种存储计算组件的原理和使用的经典入门书籍，也有各种针对单一组件，譬如 HBase/Hive/Spark/Storm，介绍其架构和代码实现的书籍。

但这些书籍多半是从各个组件自身内部技术实现的微观角度来展开内容，告诉读者的更多是怎么实现和怎么使用。很少有书籍从需求规划的角度来探讨该做什么和为什么要做的话题，而从大数据整体平台建设，以及产品和服务的宏观角度入手的书籍，就更加少了。

笔者从事大数据相关领域的工作，是从加入 Intel 开源技术中心为 Hadoop 社区贡献代码开始的，其间参与过 Hadoop、HBase、Phoenix、Tachyon、Spark 等相关项目的改进工作。大约三四年前，为了更贴近大数据的实际工作应用场景，笔者来到了蘑菇街，开始带领蘑菇街的大数据基础架构团队，构建体系化、服务化的大数据开发平台。

在几年的大数据开发平台建设过程中，笔者深切地体会到它与之前自己所从事的单个具体大数据开源项目组件的开发工作有着很大的不同。不同之处不在于具体的技术细节实现方面，而在于更加软性的目标、方向、思路、功能规划和产品实现方面。

在单个具体组件的开发工作中，特别是在笔者早年所处的开源项目开发环境中，开发人员大多时候是在一个问题非常明确、环境相对简单的场景下工作。比如，修复一个 Bug、提升某个环节的性能、拓展一个具体的功能，开发人员权衡更多的是在单一系统内部，各种实现方案对性能和稳定性的影响等。

而对于大数据开发平台的建设工作来说，具体组件的相关实现工作固然也很需要，但整体解决方案的权衡把握才是更加关键也更加困难的地方。对于组件的实现，社区往往有比较成熟的基础可供借鉴，即使暂时没有，它所需要解决的问题和目标通常也比较客观和标准。而平台构建和整体服务解决方案相对来说就没有太多的现成经验可供借鉴，答案本身往往也没有绝对的好坏对错的衡量标准。有时候，甚至连需要解决的问题是什么，该往哪个方向走，都未必有明确的答案。更多的时候，平台建设者需要结合实际的业务场景和用户需求，不仅从技术架构，更要从代价、收益、业务价值、易用性和可维护性等众多角度进行综合评估和取舍，不仅需要纵向地在一个系统内部思考问题，还要横向地在多个系统之间权衡比较。

所以，平台建设工作往往更需要开发人员的实践经验积累，需要培养跳出现象看需求本质的习惯和思维能力。这些习惯和能力显然不是一两天就能够快速培养起来的，也不是简单通过看代码就能够领会的。但如果能有更多的他人经验总结和实践案例供学习参考，相信上手的速度可以加快很多。

笔者在开始构建大数据开发平台的工作之初，也面临着同样的问题。希望能找到这样的指导性资料和文档来加速学习，提高工作效率。但现实中能找到的书籍更多的是偏“务实”的技术细节介绍和分析的书籍，几乎没有书籍集中讨论笔者想寻找的内容，而且内容多半零散分布在各类博文、项目 Wiki、会议分享之类的材料中，需要自行在实践中不断总结和归纳。

正因为对这类文档的缺乏深有体会，笔者从 2017 年开始在自己的公众号上，结合自己几年来平台建设的实践经验总结，开始撰写一些“务虚”的文章，希望能够给一些入行不久，同样面临上述问题困扰的同行一些经验参考，本书是对这些文章进行整理和总结的成果。希望能够系统化地介绍一下大数据开发平台服务构建的整体思路、目标、方针和可能的解决方案，最终目的不是告诉读者具体应该怎么做，而是期望起到引导方向、启发思路的作用，毕竟问题的解决方案不止一种，选择正确的问题去解决才是最重要的。欢迎读者能就本书的内容和笔者进行更多的交流探讨。

本书内容简介

本书的内容大致可以分为三部分。

工欲善其事，必先利其器。要想建设好大数据开发平台，首先要做好架构者和开发者自身的思想建设工作。第一部分由前两章组成，探讨大数据平台的整体建设思路和目标，以及开发者如何培养正确的产品和服务意识。

第二部分具体介绍大数据开发平台的各种核心组件。在这一部分，笔者不会详细介绍 Hadoop、Hive、Spark 等相对成熟、标准的基本存储计算组件，深入了解这些组件更好的方式，是去阅读最新的官方文档。

笔者会重点介绍各种并没有标准或尚未足够成熟的解决方案，从开发平台建设的角度来说，它们都是每个成熟的开发平台必不可少的核心组件，如工作流调度系统、集成开发环境、元数据管理系统、数据交换服务、数据可视化服务、数据质量管理服务、测试环境的建设等。

介绍这些系统和服务的重点，也不在于对某个具体实现方案的详细代码进行解析，大多首先介绍它们背后的基础原理和背景知识，然后从需求和功能定位的角度，分析各种实现方案的目标出发点，以及各种方案的优缺点，最后再结合蘑菇街自身的实践经验，介绍一下蘑菇街在这些组件上具体的功能需求分析、产品目标定位，以及一些经验教训和将来的改进方向。目的还是让读者有一个完整的感性体验，进而找到最适合自己的解决方案，而非对我们的方案照搬照做，那样就违背笔者撰写本书的初衷了。

第三部分由最后两章组成，其中第 9 章是蘑菇街大数据平台的跨机房迁移实践经验分享总结，对于业务正常发展的公司团队来说，这可能是迟早要遇上的问题，只是具体形式和规模不同而已。

第 10 章则是从大数据平台开发人员自身的能力建设、职业规划等角度入手，宽泛地谈谈工作乃至生活中会面对的价值取舍、方向选择，以及做事的行为准则、方式方法等问题。不敢上升到人生观、价值观的高度，更多的是就笔者十多年工作经历的一点个人感悟，以及对一些刚踏入工作不久的同学身上常见问题和困扰的一些观察体会，与大家一起交流探讨一下。

It's never wrong to do the right thing——做正确的事永远不会有错。希望本书能够给各位读者带来一些有益的启发，以在大数据平台开发领域，去自主思考和选择正确的道路，去探寻自己的答案，哪怕最后全盘推翻了笔者在本书中的相关经验总结，只要触发了这些动作，那笔者的目标也就算达到了。

目录

第 1 章

大数据平台整体建设思想

在本章中，为了避免分歧，我们首先会对本书上下文语境中所讨论的“大数据平台”这个概念做一个简单的阐述和背景铺垫。接下来再继续讨论大数据平台的建设目标是什么，以及如何评估大数据平台的成熟度水平。然后会从大数据平台的整体建设指导思想和建设路径方法等角度，与大家一起探讨构建大数据平台的最佳实践问题。

1.1 什么是大数据平台

大数据平台这个名字，在本书将要讨论的内容语境中，如果换一个字面上看起来更加精确一点的名词来表达的话，也可以叫作大数据开发平台。顾名思义，它就是用于支撑大数据相关业务开发的平台。

不过，叫它开发平台，并不代表它只支持大数据相关业务的代码开发，事实上，业界用这个约定俗成的名字所指代的平台，除了提供狭义的代码开发功能，也需要提供一些从字面上看起来不那么像“开发”的功能，比如各种数据查询、展示、权限管理、集群管控等服务，根据各家公司具体平台定位的不同，还有可能包括一些数据内容类产品。

上述各类功能，除了数据内容类产品，剩下的绝大部分，从广义的角度来看，还是直接或间接地为了大数据业务开发工作顺利开展而存在的，是整体数据业务开发和对外服务环节的必要组成部分，本书中的主要内容也将围绕这些服务的构建来展开。后续本书统一用“大数据平台”这个名词来指代我们所描述的对象。

名词约定完毕，我们再来细看一下它指代的对象到底包括哪些内容。

从服务的角度来看，很显然，大数据平台应该要提供海量数据的存储、计算和查询展示功能，对于这一点，显然大家不会有太多的疑问。

但是，如何提供这些服务，上述服务就等同于大数据平台吗？是不是只要把各种开源组件拼凑起来，或者更简单一点，使用 Cloudera 和 Hortonworks 之类的 Hadoop 发行版公司提供的 Hadoop 套件，配置好参数，找一些机器运行起来，就算完成了大数据平台的搭建工作？搭建完毕以后，平台开发人员日常的工作是不是就是修复一下各种组件的 Bug、处理一下集群故障、给业务方扫扫盲、纠正一下组件使用姿势呢？

事实上，在我接触过的众多大大小小的大数据平台开发团队中，有不少的团队所做的工作基本类似于我描述的那样，大体偏运维的性质。

当然这么做未尝不可，但是否合适则取决于平台建设的思想和目标。如果你认为大数据平台的概念和集群的概念是等同的，大数据平台建设的目标就是把各种集群管理好，那必然会导出上述结论。

但如果你的目标是建设一个成熟的大数据业务开发服务体系，希望在各种开源组件或集群的基础上创造更多的附加价值，提供给用户一个完整的数据业务解决方案，而不仅仅是做一个集群的维护者，那么显然就会倾向于另一个结论。

本书绝大多数内容都是从提供完整的服务体系的角度出发，来尝试回答什么是大数据平台，以及它应该如何建设。

1.2　大数据平台的建设目标

首先来谈目标。它山之石，可以攻玉——要谈大数据平台的建设目标，首先要知道业界先进的实践经验，了解别人的数据平台是怎样的，然后才能结合自己公司的实际情况设定合适的目标和方向。

1.2.1　别人的大数据平台是怎样的

那么，别人的大数据平台是怎样的呢？如果参加过一些大大小小的技术分享论坛或会议，你应该不难发现，在各种各样新的诸如“×××公司大数据平台实践无敌干货分享”之类的 PPT 中，谈到大数据平台的技术组件时，多半都会给出一个大同小异的系统架构图。

在这个架构图中，各种日志和 DB 数据采集组件、存储和计算引擎、监控和调度系统，不管在实践中真实的应用情况如何，反正在图上所有组件一个都不缺，除了个别组件的增减替换，每家公司的大数据平台看起来都没有太大的区别。

所以，如果你要问大数据平台的基础架构图长什么样，不用自己画，直接用 HortonWorks 公司的 HDP 发行版套件图来展示，估计也没啥大的不妥，如下图所示。

除了各种公开会议，过去的几年里我和北上杭的不少大数据平台从业者也常常有各种私下的交流，在交流的过程中，讨论到大数据平台的建设方向的时候，也有些人很直白地和我说：别折腾了，大数据平台建设的整体思路其实都差不多，随便找一两家靠谱的公司交流一下就好了。

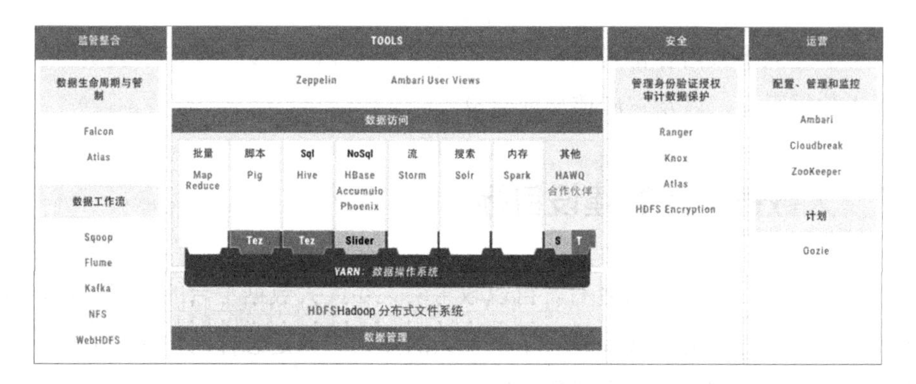

所以，谈到大数据平台的技术交流，貌似可以比较的只是具体组件方面的技术细节、组件的性能、平台的稳定性，以及各自的开发平台与公司的具体业务流程的适配和应用等方面。

如此看来，稍微靠谱一点的公司的大数据平台，整体的水平应该都在差不多的水平线上，差距只是踩坑的多少和经验的积累程度吧？

那么，现实果真如此吗？显然不太可能！

1.2.2 和业内领先的大数据平台的差距

以蘑菇街的大数据平台为例，客观地说，和顶尖的行业巨头，比如阿里、腾讯的大数据平台的整体建设水平相比，有不小的差距肯定是不用怀疑的。只不过这些差距真的仅仅体现在具体组件的技术深度层面吗？我认为事情并没有那么简单。

我也接触过大量来面试我们的大数据平台开发岗位的同学，他们中的不少人已经在各种各样的公司（有些其实也不是小公司）从事过数据平台的建设工作。

在与这些同学沟通他们的项目经历时发现，在不少公司的大数据平台体系中，大数据生态里的各种主流组件其实也是一样不少的，数据规模虽小，平台五脏俱全。如果要画平台的整体组件架构图，没准还会比蘑菇街的大数据平台多出两三个组件来。但是，一旦谈到平台的实际应用水平和所提供的服务的时候，这些公司的平台往往是极度原始和简陋的。

那么，各家公司的大数据平台的成熟度水平的差距到底体现在哪里呢？

纯粹论底层组件，抛开财大气粗，自打飞天项目开始，各种基础组件都要自己做一套的阿里不说，多数公司的大数据平台建设主要依托的还是成熟的开源组件，以及在这些组件上进行的优化改进和二次开发。

从技术层面来说，大家填坑的水平固然有差距，但填坑水平的差距真的就是导致各自平台整体水平差距的最重要因素吗？

对多数公司来说，你的业务远未达到 BAT 的规模，所以平台架构的理论先进性，各种极端负载情况下平台的稳定性，各种集群和资源的弹性拓展能力，对大数据平台的实际产出价值，真的会造成很大的影响吗？你的平台和别人的平台的差距真的是各种类似人工智能、流式 SQL 之类的新技术应用速度上的差距吗？早几年别人还没开始引进这些技术的时候，平台的服务能力不是一样甩你几条街吗？

换个角度举几个大家更熟悉的例子吧！

比如制造手机这件事，从外观上来看，不就是触摸屏外加摄像头吗？至于内部的组件配置，也不外乎蓝牙、WiFi、NFC、GPS、内存、CPU 等，都有极端成熟的产业链支撑。所以，你觉得山寨机和 iPhone 的差距在哪里呢？

再比如消费级无人机，主体结构不就是电池、马达，外加几个螺旋桨吗？那么大疆的无人机又是怎么做到横扫各种竞争对手，市场占有率遥遥领先的呢？它的产品和淘宝上几十元一个的玩具四轴飞行器又有什么区别呢？

所以，在我看来，多数公司在大数据具体组件的应用水平方面固然存在差距，但这并不是平台整体成熟度差距的根本所在。

而且，在一些具体组件的技术深度和先进技术的探索方面，小公司和大公司是无法看齐的——由于与大公司在体量和人才储备方面存在现实差距，小公司多半是学不来也赶不上的。从支撑公司业务发展和人员投入产出效益的角度来说，小公司也没有必要去学这些，大不了等到相关技术成熟的时候拿过来用就好了。

那么，差距到底在哪里呢？我认为，产品和服务形态这些看起来偏软性的、容易被忽略的方面，才是体现各家大数据平台成熟度水平最核心的因素。幸运的是，产品和服务的建设思想，也是有可能快速学习、借鉴、改进和提高的，前提是你真正意识到并重视这方面差距的存在。

1.2.3 大数据平台建设目标小结

所以，大数据平台建设的目标是什么？是比拼谁的组件更丰富，谁跟进社区技术跟进得更快，谁的团队拥有更多的 Committer？No，No，No！这些方面最多也只能算手段，而非目标，甚至都不一定是实现目标最有效的手段。

评估大数据平台的能力和成熟度，重点不在于你提供了多少种存储计算引擎，覆盖了大数据生态圈多少技术组件，或者你的团队的技术能力有多么无敌。而是你为使用平台的用户解决了哪些问题，扫除了哪些障碍，提升了多少工作效率，附加了哪些增值收益。进一步来说，还包括平台内部组件的横向联通能力和业务流程上纵向贯穿打通上下游链路的能力，这些才是数据平台建设的根本目标和衡量平台成熟度水平的评估标准。

这不是我鼓吹用户至上所喊出的无关痛痒的漂亮话，这是我们在过去多年的实践中，对实际的经验教训的总结。不过，所谓知易行难，每隔一段时间，你可能都会发现之前所做的工作和这个目标还是有不小的差距。加上公司业务会发展，技术会变革，大数据平台建设目标的确定也不可能一成不变，是一个需要持续思考和检验的过程。

1.3 大数据平台的建设指导方针

谈完目标谈过程，具体到如何建设数据平台，一定要根据各个公司的实际情况，因地制宜。不过，可以谈谈几个基本方针思想，我把它们归纳为“四个现代化”。

1.3.1　组件工具化

所有自建的大数据平台，大概都是从集群搭建之类的工作开始，对集群进行运维管理，然后提交给用户，或者仅仅自己使用。

这件事情做得多了，你就会想要提高效率，最简单的方法就是把一些常用的操作用脚本维护起来，以沉淀经验、避免误操作，比如集群部署、配置更新等工作。

但组件工具化，难道就是写写集群日常维护脚本这点事吗？当然没有那么简单。工具化的本质目标是降低学习成本，提高工作效率，减少犯错概率。所以工具化的背后是对组件细节的封装和简化，不仅要考虑平台组件维护，更要考虑用户应用开发。

比如用户不熟悉 HBase 的使用方式（虽然 API 其实已经很简单了），你写一个 SDK 包去封装一些常用操作提供给用户。看起来这是一件很简单、很直白的工作，但如果深入进去，你会发现，在工具化的过程中，你还能附加一些自己的私货，比如在 SDK 里面，你可以做一些权限的管控工作，对 IO 的流量进行监管，采集一些应用的行为指标信息，或者为了提升安全性，顺便屏蔽一些高风险的操作，等等。

再比如，当用户消费 Kafka 的 Topic 时，难免要做一些消息偏移量 Offset 查询、重置，以及即席的消息查阅之类的工作。扔给用户 Kafka 服务器和 ZK 的地址，让用户自己研究 Kafka/ZK 客户端之类的 API 去完成这些工作，固然也是一种可行的方式，但无论从用户的效率还是从集群的安全角度来考虑，这都是不恰当的。这时候，提供一些工具把这些操作封装起来，不只是为了降低用户的学习成本，也有助于屏蔽集群的拓扑布局、屏蔽业务操作的命令细节、屏蔽组件版本的兼容性问题等。平台的统一管理，显然也有助于提高运维管理的效率和集群，以及数据的安全性。

1.3.2 工具平台化

组件工具化这件事无论深入程度如何，绝大多数公司或多或少都会做一些将日常事务进行封装相关的工作。但将工具进行平台化这件事，有些公司就未必会去做了。

所谓平台化，就是将各种组件、工具和开发流程整合到一起，统一管理，提供成体系的开发运维管理途径。同时通过规范流程，提升平台整体的稳定性和可控性，进而提升运维和业务开发的效率。

平台化的障碍，往往是“非不愿也，实不能尔”。有不少公司（其中有些还是有一定规模的公司）的数据平台团队，提供给用户的就是若干集群和它们的日常运维优化，甚至有时候连集群都是由各个业务团队的用户自建的，没有统一的管理。所有具体业务的开发、调试、问题排查工作都交给业务方来负责。至于权限控制、流量隔离、流程优化、最佳实践、方案建议等各类增值服务，就更不用想了，用户须完全依靠自己，只能自求多福。

出现上述现象的原因很多。

可能是技术原因，比如别人使用大数据团队所提供的集群时，压根就没有多少收益，反而有稳定性缺乏保证、业务间无法隔离、出现故障相互影响、缺乏工具来帮助简化开发等负面影响。说到底就是大数据基础架构团队提供的附加价值不够，还要受平台的约束和依赖，不如自己建设来得放心。

也可能是团队定位问题，大数据基础架构团队，将自己定位为集群的运维者，而非方案的提供者。这种情况可能是团队分工、部门利益冲突之类的原因导致的，也可能只是基础架构团队自己的目标定位取舍导致的。

比如，觉得上层的具体业务应用与基础架构工作无关，业务方怎么用好集群去构建业务是其他部门团队的职责，多一事不如少一事，作为基础架构团队，专心解决好集群的故障，提升集群的性能就行了。简单来说，就是认为大数据基础架构团队是顾问，不是管家或保姆，团队没有义务和时间去帮助上层团队解决业务问题，有这时间多写两个补丁、修复一下集群故障、提升技术、走好开源之路多好。

所以，无论是团队分工和部门间原因，还是自我定位的原因，结果就是大数据基础架构团队对大数据整体的实际应用全貌并不了解，不知道用户的痛点在哪里。因为缺乏了解，也就不具备整体规划平台、整合流程的能力。最后的结局就是，将各种系统和工具进行整合并完成平台化这件事，即便团队想做，也没有能力实施。

当然，上述这些问题，有时候也许未必完全是团队自身的原因，公司的风格、环境、人才短缺的客观因素，业务方诉求的轻重缓急，现阶段业务的核心矛盾，周边相关系统的成熟度等，都可能对平台化的工作和意愿造成影响。而这些因素有时候真的并不在团队的可控范围内。

但不管怎么说，这些只是问题，而非理由。平台化的工作不求一步到位，也可以逐步进行，最重要的是对这个目标本身的追求。无论有多少困难，你总能找到在当前阶段从平台化的角度可以做、应该做也值得做的事情。如果真的完全没有，那还是赶紧换个工作吧。

1.3.3　平台服务化

平台化和服务化有什么区别？ 客观地说，从技术的角度来看，其实没有本质的区别。你说工业、农业、国防现代化和科学技术现代化有什么区别？切入角度不同而已，本质上都要依托技术的进步。

服务是一个被用烂的词语了，但到底什么是服务呢？我们辛辛苦苦提供了稳定的 Hadoop 集群给业务方用，是服务吗？我们开发了高性能的数据链路 ETL 工具，是服务吗？我们把元数据血缘关系都收集、分析、展现出来，是服务吗？我们提供了作业任务的调度手段，是服务吗？

这个问题其实没有标准答案，是不是服务，不取决于服务的提供方，而取决于服务的接受方。平台所提供的内容，是不是用户最终想要的东西？如果不是，那它们可能仅仅只是工具，还谈不上服务。

举个生活中的例子，比如你想享用一顿美食，结果饭店给你一条活蹦乱跳的澳洲龙虾、一个设备齐全的厨房，甚至还有一本制作指南。这算服务吗？这可能并不是大多数人所期望的美食服务。但如果你想学习海鲜烹饪，想要体会DIY的乐趣，那这种服务就再理想不过了。

鉴于服务化这个话题有太多的内容可以讨论，所以，本节就先不详细展开了，只是先强调一下它作为指导思想的重要地位。

最后再小结一下，相对于工具平台化而言，平台服务化是以用户的体验为中心展开的，所以它的重点不在平台自身的架构如何先进、流程如何完善、技术如何领先。它的重点是用户体验是否够好，用户满意才是衡量服务水平的唯一标准。

1.3.4 平台产品化

最后来谈谈产品化问题，前面讲的内容是平台建设成功的必要条件，但从长远来看，仅有这些还是不够的。

大数据平台能否长期健康稳定地生存发展下去，从公司全局的角度来评估的话，取决于团队整体资源的投入产出比，取决于团队对公司业务价值的产出贡献。从团队的角度来看，做得越多错得越多，服务越好负担越重，这种困境只有依托良好的产品形态来换取可衡量的价值产出才能打破。

不以产品化为目标的平台建设，自High不难，残喘存活问题也不大，甚至在相当长的一段时间内，实现温饱乃至小康的社会主义初级阶段目标也没有太大的问题。但是要实现人类大同、按需分配、精神极度丰富的社会主义高级阶段目标就会比较困难了。

最后，大数据平台的产品化也不是一个一厢情愿、埋头努力就能解决的问题，更多的时候，需要根据公司的业务发展阶段，对现实中的各种问题进行评估、妥协和取舍。关于这方面，蘑菇街大数据平台团队在这几年从零开始建设平台的过程中，多多少少也积累了一些经验和教训，本书后面的章节会详细展开。

1.3.5　对中小公司大数据平台的适用性

你可能会说，前文总结的四个现代化思想，理论虽好，但要执行到位，难度一定不小；多数公司既不是阿里，也不是腾讯，没有足够的技术和人力资源支持，也就只能纸上谈兵，无法实际操作。

如果你要追求大而全，这些工作要彻底做到位的确并不容易。全方位多角度地展开，没有充足的人力和技术资源支撑，是很难见效的。但是，千里之行始于足下，方向始终是最重要的，小公司可以从相对小的问题入手，逐步开展平台的建设工作，聚焦在核心矛盾上，不需要全面开花。这样，上述理论依然是适用的。

此外，虽然前文阐述大数据平台建设的四个现代化指导方针时，貌似是按照工具化、平台化、服务化、产品化的节奏逐步演进的。但是其实这四者并没有必然的先后之分，也并非只有实力雄厚的大公司才能玩好服务化和产品化的概念。小公司有小公司的优势和玩法，大公司有大公司的定位和烦恼。

举个例子，腾讯云、阿里云人多势众、高端大气，技术储备应该也不差。但是看看它们当前阶段的 EMR 相关产品服务，其实所具备的功能是极其简单的，在产品使用过程中也有各种限制和约束，几乎完全无法定制。如果从自建的角度来衡量的话，稍微有点规模或经验的大数据平台团队对这样的产品应该都不会满意。但如果你认为这就是大公司的水平，并且用这个标准来对标自己的大数据平台的建设目标，那目标就定得太低了。

是大公司公有云上做 EMR 服务的同学能力不够，或者经验不足吗？显然不是，事实上这是由公有云 EMR 的产品形态定位和所服务的对象决定的，也就是我们前面提到的产品化问题决定的。

当你的主体用户是数以千万计没有足够开发能力和经验的小客户时，你所追求的就不是全能而又高端的产品了。而是通过提供最普通、最简单、最傻瓜化的功能，让你的用户在使用过程中完全不可能出错，也只有这样，产品才能卖得出去，服务的支持代价才能降到最低。

至于那些想要更好、更灵活、更强大的功能服务的客户，很抱歉，他们的需求不在优先考虑范围内。这也很容易理解，越是灵活、可定制的功能，用户的学习成本越高，犯错的概率也越大。如果为了满足少部分专家用户的需求将系统复杂化，那就做好迎接海量“无知”用户的投诉和处理不完的任务工单的准备吧。

相比之下，有一定规模和技术实力的中小公司的数据平台团队，所服务的内部用户的技术能力反而可能更强，业务需求也可能更加复杂，对平台的服务能力和产品形态、功能方面的要求也可能更加苛刻。

所以，大数据平台的四个现代化工作与公司的大小没有必然联系，尽管多数公司很可能没有机会扩张到BAT的规模，平台本身可能也没有机会服务数以万计的用户，但这不代表上述平台建设的指导思想就不适用。相反，由于平台历史包袱少，核心问题范围更容易圈定，也没有很多历史经验教训可以借鉴，可能也就更需要用合适的思想理论来指导平台的建设工作。

1.4 大数据平台的两种建设路径

一个完善的大数据平台，通常涉及的组件众多，上下游关系复杂，所需要支持的业务也是多种多样的，如果团队有无限的时间和无敌的能力，那么放心大胆地去构建就是了。

但现实情况是，时间是有限的，能力和经验也是有限的。如果从零开始，那就涉及以什么样的方式去逐步构建的问题。大体看来，大数据平台服务的构建可以分为两种方式。

1.4.1　垂直业务领域一站到底的建设方式

第一种方式是针对具体的业务场景，有针对性地开发所需要的服务，提供一站到底式的支持。

这种方式的优点是：

- 和具体业务结合紧密，产品逻辑可以高度定制，可以做到最大限度地匹配业务的需求。
- 产品的交互流程、架构复杂度相对可控，同时可以尽可能地屏蔽与具体业务无关的内容，确保易用性。
- 无须太考虑通用性问题，也不用太考虑业务之间的兼容性，整体产品架构成型快，演进负担小。

这种方式的缺点是：

- 系统专用性较强，可拓展性差。
- 放到多个部门，从业务的维度来看，系统之间可能缺乏统筹考虑，存在大量重复建设的工作。

业务导向的部门构建的系统，基本是这种方式的。比如广告部门要做数据分析业务，那它们一定不会优先考虑把流程拆分成各种可以服务化的通用组件，或把各个组件做到完美，然后再来串联数据分析的流程（这当然不是绝对的，如果团队足够大，业务足够复杂，也会适当考虑这些因素）。及时产出正确的计费数据用于投放策略的决策才是最核心的内容，所以一体化、高度定制化的业务流程，未必不是一种好的选择。

还有一种情况是，各个集团部门间存在竞争关系，或者不满意基础架构团队提供的服务，所有的东西宁愿自己搞一套。但是人手又不足，怎么办呢？当然就是抛弃通用性，怎么简单怎么做。

1.4.2　通用组件建设，组合支持业务的方式

第二种方式是针对抽象的通用功能需求，分别构建独立的系统或服务，并

通过各个系统和服务的叠加配合，来完成对各类业务场景的支持。

这种方式的优点是：

- 针对抽象的通用功能需求，可拓展性较好。
- 能够减少各业务系统之间的重复建设。
- 各系统设计和架构方案有机会做得更加深入、完善和稳定。

这种方式的缺点是：

- 需要考虑通用性，设计难度较大，系统架构成型较慢。
- 各系统之间依赖相对较多，迭代演进负担较大。
- 对具体业务场景定制程度较低，整体易用性相对较差，使用成本较高。

非业务导向的基础架构团队构建的系统往往是这样的。

当然，也有可能是负责相关工作的基础架构部门，没有自下而上的完整链路的掌控权，于是基于自己所理解的业务范围，构建出一些相对独立的功能模块和系统。

此外，也有可能是因为系统的建设是从工具逐步向平台化演进的，整体架构也很自然地从局部组件向整体拓展。

这两种平台的构建方式，没有绝对的对错之分，适合与否取决于各公司、团队和业务的具体发展和需求背景。

但无论使用哪种方式，都需要考虑如何尽可能地扬长避短，采取必要的手段去弥补缺点。

1.4.3 从蘑菇街平台的实践经验对比两种建设路径

2016 年蘑菇街和美丽说进行了战略合并，不可回避的问题就是技术平台也需要进行方案融合，这也让我们有机会从技术、服务、产品的角度去比较两者的大数据平台的建设思路和具体实践方案。

技术方案融合前，美丽说的大数据平台的建设思路，基本就是按照前文第一种方式，也就是围绕业务进行定制的原则来开发的。在某些具体定制化业务的产品服务实现方面，客观地说，当时其易用性要比蘑菇街对应的产品好很多，用户口碑也不错。

但带来的问题就是，不同的业务和产品线往往针对不同的产品和功能需求，各由一套体系来支撑。比如，当时在美丽说的大数据平台体系中，作业工作流调度系统就有独立的三套实现方案内嵌在各个产品之中。这些方案和各自产品的流程及业务逻辑的耦合度都很高，很难进行剥离和替换，其他组件也有类似的情况。所以，在各个业务之间，相关的产品基本没有打通流程的可能性，平台的维护成本也很高，技术迭代比较困难。

而蘑菇街的数据平台服务，则是采用第二种方式来演进的。

在 2014 年左右，我们只有最基本的功能组件，包括定时轮询的调度系统、Hive 集成开发平台、定制的报表系统、简单的权限系统，以及使用 Storm 开发基本的实时计算业务等。

在 2015 年左右，我们开始添加更多的功能组件，引入 Spark 计算框架，开发元数据管理系统和自定义查询系统，Storm 代码开始模块化构建，全站用户页面行为跟踪埋点体系也开始构建，并进行了一些底层系统整理改造工作，包括公司内部底层多个集群的整合、改造、升级。在数据平台各业务后台权限管理的统一、报警服务系统的拆分构建等方面，我们既有经验收获也有教训。

收获是，整个 2015 年，大数据平台做了大量的稳定性改进、模块拆分、组件完善、集群融合、升级等工作，在一定程度上完善了数据平台的体系架构，降低了维护代价，提升了稳定性，给平台发展打下了基础。

但是，对应的教训是，从最终业务价值产出的角度来说，整个大数据平台这一年的产出并不明显，终端业务方没有从大数据平台的改进工作中得到显著的收益，所以平台开发团队的外部压力较大。

这也可以理解，从领导和业务方的角度来说，他们并不关心我们做了什么，重要的是对公司的价值体现在哪里。所以，回过头来看，2015 年其实也应该在业务导向方面多做一些思考和工作，避免冰山下的工作不能给团队带来实际的价值回报。所以，在核心系统改造的基础上，2016 年开始加入更多围绕终端服务价值产出的工作。

从 2016 年开始，我们开始重构部分核心组件的功能和产品形态，以配合推进整体平台的服务化进程，包括权限系统的服务化，构建对象存储系统，完成核心调度系统的重构和功能拓展，以更好地串联业务流程，完成数据可视化平台核心功能的构建，着手进行实时计算平台 SQL 化和平台管控能力的建设。

这些工作，一方面是内部系统的服务化，比如 RBAC 的权限系统，用来服务所有的业务和数据后台；比如通用对象存储服务，用来支持其他各类有通用存储需求的系统，如简历招聘系统、小图片存储系统等。

另一方面是针对数据开发用户或终端数据使用用户的服务，整体的目标是降低各项业务开发的难度，让用户能够更加独立自主地进行自我服务，减少需要平台定向支持的需求。

在 2017 年以后，总体的建设工作更加注重整体傻瓜式服务平台的构建，各种自助服务功能也进一步完善，端到端整体链路服务的打通和专家系统的构建，进一步降低了服务支持的代价。

1.4.4 两种建设路径的对比小结

再次强调一下，这两种建设方式并无绝对的对错之分，即使在蘑菇街的实际场景中，也不能说第二种方式就是最合理的平台建设方案。对于一个具体用户来说，第一种定制化开发的方案可能才是最适合的，毕竟应该急用户所急，而且客观上的短期收益也可能是最明显的。

如前文所述，蘑菇街大数据平台的建设，在很长一段时间内，组件式的建设方式受到了业务方的质疑，工作人员压力也很大。有时候在局部做一些妥协，将两种建设路径进行一定的结合，可能也是必要的合理举动。正如人生，不也是在各种取舍和抉择中度过的吗？

第 2 章 服务意识和产品思想的培养

上一章我们谈到，在建设大数据平台的过程中，要坚持工具化、平台化、服务化、产品化的指导思想。

工具化和平台化的切入点偏技术层面一些，必要性很少有人怀疑。而服务化与产品化，在很大程度上与技术本身没有必然的联系，或者说技术往往不是左右这两者的决定因素，而只是起到支持的作用。实际上，大数据平台服务化和产品化程度的优劣，往往是由平台开发者自身的服务意识和产品思想决定的。

所以，这一章将详细探讨一下，作为平台开发者和服务提供者，如何培养为用户服务的意识，以及培养产品思想的重要性。

2.1 明确大数据平台服务能力的评估标准

首先，对于大数据平台来说，用户需要的是什么服务？在上一章中我们也说过，什么是正确的服务并没有标准答案，取决于你所服务的对象、你所提供的内容是不是服务者真正想要的东西。

2.1.1 大数据平台团队的职能定位

要谈大数据平台的服务化，要评估大数据平台的服务水平，首先就得讨论什么是大数据平台的职能定位和服务对象范围。很不幸的是，这也不是一个有标准答案的问题。

- 在有些公司，大数据团队只负责基础组件的开发和运维，为业务方提供SDK、组件套装或集群形式的服务。
- 在有些公司，基础组件之上的工具、平台等，都由专门的工具团队负责，层层分工，团队之间交叉服务。
- 在有些公司，不同的事业部团队会自行在基础平台组件之上，各自垂直地构建独立的业务系统，平台基础组件开发者服务于上层业务系统开发人员。
- 在有些公司，大数据团队从下到上全链路通吃，从集群运维一直负责到最终具体终端业务数据的产出，对终端使用数据的用户负责。

无论怎么划分，在一个分工合理的组织架构中，相关系统所依赖的人力、资源和流程的内聚，应该都是最重要的划分考量因素。对于多数公司来说，相关系统和特定业务知识是否有强关联，会是一个比较合理的划分参考依据。

凡是没有业务强关联且对大数据相关基础知识或生态依赖又较大的系统，可能由大数据平台相关团队统一来构建会比较合适。反之，交给具体的业务或应用团队来负责可能效率会更高，比如风控团队更便于通过对用户行为数据的分析实现一个反作弊系统。

当然，这两者之间也没有一条绝对清晰的界限。各自向具体终端产品服务或底层平台通用服务衍生的程度，取决于各公司大数据平台团队和业务团队的具体业务范围和技术能力。

2.1.2 打通上下游系统和业务流程的能力

评估大数据平台的服务能力，除了服务对象的满意程度这个主观标准，还有一个客观一点的标准：贯穿上下游和周边系统及业务的能力，打通得越彻底，平台的整体服务能力基本上也就越强。

以大数据平台的核心组件之一——工作流调度系统为例，从触发作业运行这个角度来说，调度系统自身的能力包括各种任务类型的支持，时间/依赖触发能力的支持，任务计划的编排管理能力，对任务执行流水、历史记录进行查询、展示、维护的能力等。

那么和上下游及周边业务流程相关的能力有哪些呢？

- 后端集群流量/负载的反馈控制能力。
- 和脚本集成开发环境的对接。
- 和权限系统、数据订阅管理体系的连通。
- 和元数据血缘分析系统的对接。
- 和任务测试/发布环境的对接。
- 与报警、值班、监控系统的协同。
- 和其他非大数据类业务自身的工作流管理体系的联通能力。
- 与数据质量管理系统的协同能力。

类似的能力还可以列举很多。很明显，上述能力越完备，工作流调度系统的服务水平很可能也就越高。但值得注意的是，能力本身并不等同于服务，最终要对用户产生价值。

2.2　满足用户真正的需求

那么，用户究竟需要什么服务？按照我们对大数据平台服务的定位，用户真正需要的并不是一个个具体的组件或集群，用户需要的服务简单来说有三类：存储、计算和查询（展示）。

为了更好地支持这三类服务，不论是存储计算的具体组件 Hdfs、Hbase、Hive、Spark、Storm、Flink，还是平台集成所需要的工作流调度、权限管控、元数据血缘分析、质量监控等各类支撑和监管系统，都是完成服务的手段而已。

这并不是说这些具体的组件或系统不重要，也不是说用户真的不需要关心这些具体服务的落地，而是从用户需求的角度来说，所有这些其实并不是他们对服务诉求的出发点。

- 用户需要的是稳定、可靠、高效地存储数据，只要满足性能指标，他们其实并不关心底层使用的是 Hdfs、Hbase，还是你自己研发的分布式存储系统。
- 用户关心的是高效低成本的开发业务，钻研和学习各类计算框架并不是他们的初衷。
- 用户在意的是方便、快速地查询到想要的数据，结果便于理解和沟通，能够有效地支持业务决策。数据存储在哪里，用什么工具查询，需要做什么预处理，是否需要缓存优化，能不考虑这些最好。

当然，从业务开发的角度来说，可能对底层系统理解得越多，开发平台使用起来就会越顺手。但从大数据平台服务构建的目标来说，服务的价值就在于能在多大程度上减少用户对底层系统了解的必要性，降低业务开发的门槛。

简单来说，大数据平台的服务目标，应该是提供一个完整的解决方案，尽可能满足用户的需求，而不是仅仅提供组件或孤立的系统，把流程串接和方案集成的工作都抛给用户自己去考虑。

2.3 认清服务的代价，做好心理建设

是不是只要事事为用户着想，以服务用户为目标展开工作，用户就会万分感谢我们，我们的工作从此就充满阳光了？如果你这么想，那就太天真了！

事实上，自从平台开发者下定决心，走上这条“又红又专”的服务化之路的那天起，我们就走上了一条不归路。很快，我们可能就会发现下面一系列现实。

1. 由俭入奢易，由奢入俭难

用户对服务质量的要求只会越来越高！每每有其他公司大数据团队的同学炫耀，他们的数据平台用户，在运行任务遇到问题时都是自行解决，平台的同

学晚上也不值班，用户出问题且分析到原因以后才找他们帮忙时，我们团队的值班同学大概都会流下嫉妒的泪水。

2. 服务口碑取决于服务最差的环节

这完全符合木桶效应。但当你尽心尽力还被人骂的时候，内心还是会有六月飞雪的感觉。

3. 服务越多支持的代价越高

一个系统服务难免会有 Bug，也总会有不够灵活的地方，提供的服务越多越全面，日常维护的代价就越高。

4. 需求响应要疾如闪电，功能服务要天长地久

用户的需求一定要快速响应，比如界面交互不够清晰、API 用起来不够便利，只要是用户发起的变更需求，本着用户至上的服务精神，开发同学就得赶紧搞定，否则不重视用户这个大棒子就砸脑门上了。

至于平台开发者发起的变更呢？注定招人白眼——用户可能会抱怨“这个按钮昨天还在这儿呢，今天怎么找不到了，你们能不能不要总是调整用户界面？”“什么，要改 API 了，你们一开始咋不设计好呢？”

对于类似这样的问题，不要抵抗，都是用户对。做好心理准备，道个歉，想想怎么解决具体问题及如何安抚用户往往更容易一些。

5. 既要马儿跎得多，还要马儿不摔倒

平时没事的时候，你的老板一定会语重心长地告诉你：“要全心全意服务好客户，业务第一知道吗？”一个需求，你要是敢告诉老板不接，大概是不想混了。经常是一个需求还没做完，下一个需求又来了。

有一天，系统出了一个故障，老板大概又要哀其不幸、怒其不争地看着你了，你从老板的目光中可以看出他的想法：尽给我找事情！ 就不能好好梳理一下问题，保证一下平台的稳定性吗？

就这样，业务支持着，问题梳理着，到年终了，老板可能又会和你说："最近没什么故障，业务方好像也没有抱怨，还不错。不过，今年你们好像没有做出有价值的产品，都在忙什么呢？有没有一点价值导向的思想，这样下去可不行啊。看你们干得辛苦的份上，奖金就不给剃光头了，给一点意思一下，以后改进吧！"

6. 用户的服务诉求各异，众口难调

单个用户的诉求和系统平台的整体诉求，来自不同用户个体的诉求，甚至同一个用户在不同场景、不同时段、不同角色情况下的服务诉求，经常是冲突的。有时候，作为平台服务提供方，即使我们的出发点是你好、我好、大家好，但也很难满足所有人的需求。

比如，从整体服务的角度考虑，我们希望保障数据安全，但用户更看重便利性。服务提供者如果要推动安全性改造，用户 A 会抱怨："我不就查个表吗，申请权限还找不到 owner 审批，影响效率啊！我没分析出数据，模型没做出来，明天 GMV 跌了你负得起这个责任吗！"而我们要不推进安全性改造，用户 B 有可能抱怨："谁删了我的表，你们平台的管理也太不靠谱了吧，大家的权限也不好好管理一下？"

又比如，我们想提高集群效率，加强监管，敦促用户优化脚本，但用户 A 可能告诉你："没空，业务太忙了，以后有空的时候再做吧。"与此同时，用户 B 又可能抱怨："天呐，今天平台跑任务怎么这么慢，让不让我干活了？你们能不能优化一下系统？"

再比如，作为服务提供方，我们的时间在用户看来可能并不值钱，哪怕它本来可以用来解决更多的问题。而用户的时间很值钱，哪怕花一点时间就可以解决的问题，也要让我们来处理——"为什么平台不能做得完善一点，再完善一点，更完善一点？"而如果你真的把所有的事情都完成了，另外一个用户又会抱怨："这么简单的一个需求要拖那么长时间？信不信我找你们老板投诉去！"

7. 提供服务那么难，为什么我们还要做

在上述各种问题场景下，基于用户满意是评判服务水平的唯一标准这条公理，只能认定用户都是对的。那么，服务这么苦，我们为什么还要做呢？

换位思考一下，我们也有使用别人的服务的时候。作为有理想的青年，为了在使用别人的服务时，也可以抱着没有伤害就没有进步的理念，心怀让世界更美好的崇高目标，对服务提供方进行"无情"地吐槽，在自己提供服务时多吃一点苦就当是卧薪尝胆吧！

2.4　寻找解决服务代价问题的方案

不能只谈问题不谈方案。在上一节中，我留下了一堆让致力于为人民服务的有志青年痛苦煎熬的现实问题。

虽然真的勇士抱着"世界那么残酷，我要血债血还"的梦想，或许可以笑对惨淡的人生。然而，追求快乐和幸福才是这个时代的主旋律。

所以，这一节我准备谈谈如何在服务的过程中尽可能让日子过得不那么悲惨。

2.4.1　路线选择带来的代价问题

前面一章我们谈到，很多公司（包括蘑菇街）的大数据平台的建设路线，走的是先搭建独立的功能模块，然后将各个系统组合起来，基于服务业务构建完整的大数据平台，这样一条坎坷的道路。这条路前期带来的服务代价问题很伤脑筋。

首先，系统组件设计，需要考虑通用性，设计难度相对较大，系统成型比较慢，业务价值产出的压力很大。

出现这个问题，归根到底还是由于能力不够。真的有本事的人应该做得又快又好，一气呵成。但是，现实中多数人不是天才，而且还会受到资源的限制。

能力不够，资源也不够怎么办？那就不要不切实际地做无用功。没有目标的攻坚工作，坚决不做。目标再通用的系统，在开发之初，也需要面向一个具体的业务，最好上线之初就带上一个真实的业务。当然，作为小白鼠的业务方，内心也很煎熬，这就需要前期妥善的方案沟通，来给这个业务方足够的动力配合你了。

简单来说，就是要带着具体业务的痛点问题来做开发，在此基础上考虑如何构建通用的解决方案来适配其他业务。采用“通用+适度”定制的方式快速推进平台的构建，不怕做得不够通用，就怕通用到过于抽象，没有业务可以快速适配。

其次，相对于一站到底的垂直系统，在组件服务式构建的系统中，各个系统之间的依赖关系相对复杂，迭代演进的时候负担较大。

好不容易把各个系统拼凑起来做成一个平台，生命不息、折腾不止的程序员，就忍不住要重构升级其中的一个系统。你说，这是干吗呢？

就算我们不主动重构系统，当“通用”服务平台遇到一个全新的业务的时候，很可能也会发现，其中一个组件需要稍微重构、调整一下才能支持这个业务。

所以重构的问题会永远存在。事实上，敏捷开发的目标就是不做过度设计，而是按需快速构建系统。但要平衡好设计、实现和重构的代价。我们能做的就是做好各个服务组件的模块化工作，提供所依赖功能的插件封装机制，适当考虑向后兼容的可能性，以及降低系统的耦合度。不只是代码的耦合，硬编码依赖系统的地址之类问题无疑应该避免，更难的是要避免业务逻辑流程上的过度耦合。

两个组件相互依赖，在完成一个业务流程时又需要交叉循环调用，后果会很严重。所以，适度地拆分服务，做到松耦合强内聚，一定是服务建设的首要目标。

而且，要尽量考虑保障系统具备灰度发布的能力，组件依赖多，出问题难以避免；关联系统多，系统更新可能也无法一蹴而就，那就需要尽可能降低变更过程的风险，用灰度的方法去做局部验证，控制风险范围，知错就改，别做一锤子买卖。

最后，对具体业务场景定制程度较低，整体易用性相对较差，使用成本较高。

通用服务平台的痛点在于，既要马儿跑得快，又要马儿不吃草。对于一个通用平台，或者不能满足业务方的定制需求，被业务方抱怨流程长、操作复杂、交互不友好、开发效率低；或者把各种需求都集成进来，但是一堆旨在提供便捷的功能反而很容易让系统变得更加复杂，最终的结果就是导致整个系统臃肿不堪。所以，便捷和通用有时候往往是矛盾的。

这个问题更多时候无关服务，而是一个产品设计问题，所以放在下一节详细展开讨论。不过从服务路线的角度来说，一种可行的方式是针对具体业务的场景需求，在通用服务的基础上二次垂直封装，适度定制和简化业务流程。从通用服务衍生出专用服务，来屏蔽和特定业务场景无关的系统复杂性。不过代价当然也是有的，那就是你又多了一个系统，又多了一层依赖关系需要维护。

2.4.2　如何降低服务自身的代价

对程序员来说，技术问题都好办，但服务问题更多的是针对人，而和人有关的问题从来不简单。针对前面抛出的服务代价问题，下面来逐一谈谈我个人的看法。

1. 由俭入奢易，由奢入俭难

一旦用户对你的定位认知是服务提供者，那么从情感上说，用户一定会希望你的服务尽善尽美，能搞定一切。虽然从理智上来说，多数用户也能够理解服务的构建不是一蹴而就的。

但信息不可能完全对称，而且人天生就有高估自己的需求，以及低估他人困难的本能，这也就是服务双方产生矛盾的原因所在。所以这里的关键是如何与用户的认知达成一致。

举一个不那么贴切的例子——登录 12306 网站时那让人崩溃的图片验证机制。换作电商行业，谁要是敢这么做，那用户转换率不要再奢望，甚至分分钟就会倒闭。但对于 12306 的用户来说，能买到票就好，并不会苛求它提供类似车次收藏、票务购物车、路线智能推荐之类的功能。

套用一个术语，这叫 QOS（Quality of Service）约定，向我们的主题靠拢，也可以叫用户预期管理。首先，你要明确你所提供的服务的范围定义和质量约定。然后，要尽早和用户达成一致。如果可以，对用户使用对应服务时应该承担的责任，也需要提前明确进行沟通。作为乙方，这有时候可能很难做到，但必须要往这个方向去做。这么做，不是单纯地为了降低用户的期望值，而是为了统一认知——凡事不怕标准高，就怕标准不一致。

有些人可能会说，用户都是在平台服务的推广过程中接入的，愿意用我们的服务就不错了，哪有机会对标期望值；而且系统总是在迭代更新中，哪有固定的标准可以遵循。

说得很对，这件事情操作起来并不容易，但形式可以有很多种，你可能没法像一些行业垄断巨头那样，让用户签订一个免责协议。但向用户提供产品定义、路线计划、已知问题列表、最佳实践、FAQ 等文档，以及在产品使用过程中提供即时的反馈、提示和警告信息等，我们还是可以做到的。

简单地说，作为服务提供方，需要明确地告知用户，你所提供的服务能做什么、不能做什么、将来的计划是什么、用户在使用过程中需要注意什么，甚至可以包括用户对我们的承诺和应尽的责任。如果用户在使用你的服务之前或过程中明确知道这些信息，那么与用户的沟通过程或许就会顺畅很多。

2. 服务越多，支持的代价越高

服务多了，“肩挑手扛”肯定不行，在实现并上线了一个服务之后并非万事

大吉了，还要及时考虑如何降低维护成本，不只是系统自身的维护成本，还包括技术支持的成本。

用户在使用服务的过程中遇到的问题，很多时候未必是系统自身逻辑的问题，也可能是使用姿势问题、业务逻辑问题等。从服务用户的角度来说，不论是系统自身原因，还是使用姿势问题，你都有义务协助用户解决。但如果大部分是与系统自身无关的问题，用户能够自主定位和解决，那当然就更加理想了，这样显然能大大降低服务开发者的支持代价。

事实上，在多数情况下，不是用户懒，而是他们不具备解决问题的能力，没有足够的知识储备。又或者即使他们具备相关的知识能力，也可能在出现问题时，因缺乏明确的故障反馈、无法查看问题日志、没有性能数据、缺乏修复的手段等各种原因，而不得不依赖服务开发者来帮忙定位和解决。

这时候，我们需要考虑将运维手段工具化、最佳实践文档化，降低用户自主定位和解决问题的难度；更理想的做法是可以通过构建一个专家系统来帮助缺乏经验的用户发现和诊断问题。

总之，服务提供得多固然好，但做完一个服务的开发就可以完全放手，这才是服务开发的最高目标。

3. 服务口碑，取决于服务最差的那个环节

前面说的情况都是客观存在的，不要考虑太多公平不公平的问题。服务的评判标准掌握在用户手里，哪里差就要补哪里。但是，注意管理好用户期望和引导用户，不要盲目地被用户牵着鼻子走。至于最终的口碑，由它去吧，那不属于你可以随意控制的范围。

可能有人会说，我们也不是圣人，有时候用户不讲理，我们的服务态度也难免好不起来。的确，当自己置身其中时，有时很难保持良好的心态。在这种情况下，尽量就事论事，大家少谈感受，多用事实讨论。同时，关注解决方案，不要过于纠结出现问题的原因、犯错的理由、责任归属等，除非是为了总结经验，否则少纠结过去，多放眼将来。

4. 需求响应要疾如闪电，功能服务要天长地久

服务的快速迭代和稳定可靠必然是矛盾的，除非拥有人力资源极端丰富的团队，否则这个矛盾是无法从根本上解决的。但可以想办法缓解，寻找一个代价和收益的平衡点，常见的实践方案有：

- 如果可能，制订班车式开发计划，按固定的周期和预订的计划更新系统和服务，如非特别必要，不做计划外临时更新。
- 进行服务变更和系统更新迭代等时提前和用户沟通， 就可能造成的影响明确告知，宁滥勿缺。这本质上还是一个用户预期管理的问题。
- 对用户可能造成较大影响的变更，确保你有灰度发布和回滚的方案。很多时候，因为各种原因，事前的沟通工作不能触达所有用户——比如用户不在意，或者在没实际执行前未仔细考虑会不会有问题等，这时控制风险和出问题以后补救的手段就很重要了。

5. 既要马儿驼得多，还要马儿不摔倒

这同样是一个预期管理的沟通问题，也叫向上管理，只不过面向的对象是老板。当然，现在的向上管理书籍大多在宣扬一些投机取巧的沟通技巧和手段，这本身也没什么太大的不妥，只是向上管理是为了更好地沟通和解决问题，而不仅仅是为了迎合领导。

从团队负责人或架构师的角度来看，对于向上管理这件事，不管个人习惯如何，我个人还是倾向于要坚持特定的原则——把团队的利益放在自身利益之上。如果有压力，不要简单地做二传手向下传递压力，别把问题和责任抛给团队，而是面对问题，把目标和方案抛给团队。另外，遇到难题时，还要适当反馈客观存在的困难，比如：“老板，招不到人啊，这活没法干”之类的。总之，不求老板舒坦，但求问心无愧。

6. 用户的服务诉求各异，难以两全

对于这个问题，我很赞同一个说法：凡事可以坚持原则，但是没有必要苛求立场。

在多数情况下，服务提供方和用户诉求冲突的地方并不是目标，而是实现这个目标的过程中遇到的问题。或者说，由于立场不同，大家关注的内容是同一件事的不同方面。

比如，用户在意自己的作业是否跑得快，而服务提供者更在意用户之间的任务是否相互影响，希望集群的整体效率更高。用户希望操作便捷、流程简单，服务提供方希望隔离风险、系统安全。

理论上，这些诉求都是独立的，只是在实际操作时，为满足一个诉求所做的工作，可能对另一个诉求产生负面影响。但所有这些诉求的最终目标都是一致的，就是让用户能更好地使用大数据平台进行业务开发。所以在本质上它们未必是冲突的。只是，在实现过程中如何兼顾，常常令人头痛。

该怎么办呢？需要多动脑筋，多沟通，多讲道理。没有必要追求大家对所有工作真心赞同，而是要求同存异，解决核心矛盾，寻找一个双方都可以接受的妥协点。这个妥协点一定存在，如果没找到，不是方案还不够好，还有改进的空间，就是沟通不充分，道理没有讲明白。

服务从来都不是一件单向承诺的事情。选择什么样的路线，以什么样的方式对待大数据平台的用户，遇到问题时如何解决，其实都是可以选择的。关键是作为开发者，需要明确自己所做的每一个选择的理由，积极地面对问题，关注解决方案，并与用户保持紧密联系，积极沟通，争取得到用户的理解和支持。

2.5　大数据平台的产品化思想

前面关于产品化的思想只是简单阐述了一下，这一节再结合实际例子具体展开。

大数据平台的产品化和服务化有什么区别？

服务化的本质思想是帮用户解决问题，是“为人民服务”的态度在你的平台中的具体化体现。

而说到产品化，关注的重点是大数据平台所提供的服务的具体内容是什么，展现形式如何，能不能吸引用户。再说得直白一点：有没有价值，或者说作为商品，我们提供的服务能否卖得动，能否赚钱？

当然，在多数情况下，作为内部服务平台，大数据平台的用户可能并不直接用金钱购买平台的产品服务，但我们依然可以换一种方式来描述这个问题：平台所提供服务的投入产出比是否合算？

服务再好，如果没人使用或收益很低，那么从产品的角度来看就是失败的。所以，尽管不完全准确，但是以用户愿不愿意为我们的产品买单来衡量产品化的好坏，也是一种简单有效的手段。

对于这个问题，毋庸置疑，游戏行业的同学是很有发言权的——君不见，PC 时代的游戏霸主，多少已经灰飞烟灭，再精良的制作、再强大的口碑，也架不住盗版市场和碎片化娱乐趋势带来的冲击。

如今的手游行业，大多是免费下载、应用内付费的模式，没有吸引用户的手段，用户不买单，立即就被下线。所以在产品生命周期以周甚至日计算的红海中脱颖而出的幸存者，其产品形态和运营模式必然是有过人之处的。比如，王者荣耀就是一个典型的代表。后面我们也会结合王者荣耀的产品形态设计来谈一谈产品化过程中一些需要注意的地方。

同样的，数据平台产品化的重点在于选择提供什么样的服务，并决定用多大的代价提供这样的服务。而投入产出比是否合算，往往和服务自身的实现没有直接的关系，更多的是从公司业务收益的角度来评估，没有好不好，只有值不值。

所以，平台的产品化过程需要思考两方面内容，既要功能设计和服务做得好，还要考虑代价和收益问题。所谓“君子喻于义，小人喻于利”，取义还是取利，其实本无对错，要做好大数据平台的产品化建设工作，两者缺一不可。

2.5.1 从用户体验的角度谈产品设计

用户买不买单，体验很重要。如何改进用户体验，有大量的书籍专门讨论。下面仅就几点和用户整体感受相关的内容，来谈谈产品化过程中改进用户体验的“义”的问题。

- 别让用户有挫败感。
- 提供差异化、阶梯式的产品服务。
- 构建反馈式的产品服务。
- 确保你的产品具备可持续改进的能力。

1. 你爱用户，用户却不爱你

现在，你应该已经认真思考过了，数据平台现代化建设很有必要，你愿意全心全意为人民服务。

不幸的是，你最终用心构建的服务产品，用户却未必买单，如果你热脸相迎，用户却冷眼相看，那如何是好？

玩过王者荣耀的同学可能会发现，刚开始玩这个游戏，还在青铜、白银段位的时候，各种超神、五杀、MVP 之类的成就都是手到擒来，拿到手软！有时候，我们对自己表现出来的完美操控和一流意识，都有点不敢相信，简直怀疑自己是荣耀史上不可多得的天才玩家。直到有一天，上了黄金段位，突然发现自己再也无缘那些成就了……

是对面玩家都开始作弊，还是队友突然都变成了“坑货”？都不是，事实的真相是，在青铜、白银段位和你 PK 的多半都是机器人！

是服务器上玩家太少，用机器人来凑数吗？当然不是，鼎盛的时候，服务器天天爆满，根本没必要使用机器人。问题的重点是：别让新用户有挫败感！至少，在他尝到甜头之前不要有挫败感。

但凡有得选择，人都会选一条容易的路，所以，用户往往因为需要而来，因为挫败而放弃。不是放弃需求本身，就是放弃我们提供的服务，寻找其他更容易上手的解决方案。无论哪种去向，都不是产品和服务提供方所希望看到的结果。

举一个蘑菇街大数据平台自身建设过程中遇到的例子。

在开发实时计算平台服务之初，为了更好地推广使用，开发同学为用户写了一份 Hello World 上手指南文档。通过各种截图演示如何进行用户交互操作，并提供了示例程序代码，展示了程序读取 Kafka 消息、计数以及把统计结果写入 DB 的整个过程。这服务态度简直不能更好了吧。

有一个新用户读完了文档，跃跃欲试，准备在平台上实践起来。不料第一步就卡住了。为什么呢？他在我们的系统上找不到文档截图所显示的那个页面。

用户最终明白是因为他没有对应的权限，所以看不到相关操作界面。于是找人开通权限，页面终于找到了，用户就施展复制粘贴大法开始练习这个 Hello World 程序。代码保存，运行，最后显示程序运行错误！用户心想："坑我呢，我可是一个字没少复制啊！算了，看看有什么错。诶，出错信息哪里找？"

于是又找人咨询，从服务器复制日志，再申请权限，一个小时以后拿到日志，打开一看：kafka xxx topic 不存在。怎么会这样？其实文档里的确有相关说明：example_topic 这个文件名表明示例用的是虚拟消息，用户还需要修改程序，自己造数据，或者在 Kafka 集群上找一个真的 topic 来实验。如果用户不知道怎么建 topic，还是要去找负责 Kafka 集群的同学咨询。

这个过程，对于只是想快速体验一下我们的产品的用户来说，简直就等同于在劝退。虽然这个例子看似有点极端，但在我们平时的很多产品设计中都存在类似的问题，没有真正站在用户的角度来设计产品，而是从开发者的角度来设计产品。

所以，不要认为用户和开发者一样具备所有的背景知识，也不要轻易假定用户的环境设定和你的一致，想要更好地减少用户的挫败感，就需要切实地从一个小白用户的角度，完整地去体验自己的产品和服务，发现和思考需要改进的地方。

2. 提供差异化、阶梯式的产品服务

用户的需求是多样化的，能吸引用户群体 A 的产品，未必能满足用户群体 B 的需求，比如让熟练的专家级用户满意的产品设计，对于刚入门的小白用户来说，学习门槛可能就会太高。甚至同样的用户，在不同的时间和场景下，需求也可能是不同的。

对于这个问题，从一方面来看，可能是产品开发人员能力不够，无法做到一个产品妇孺通吃、老少皆宜。从另一方面来看，也有可能压根就没有必要完全通用，没有必要提供满足所有用户需求的服务和产品。

那么，不妨尊重现实，要么针对用户各自的诉求，提供差异化的服务；要么根据用户不同的知识背景，提供抽象程度不同的服务，不要企图用同一个产品覆盖所有需求。

以王者荣耀这类 PK 竞技型游戏里的段位机制，或者类似炉石里的天梯机制为例，利用玩家的攀比心留住用户，固然是这些产品形态设计的一个重要因素。但是相比暗黑破坏神等游戏里纯粹用于炫耀的天梯机制，王者荣耀的段位功能更重要的其实是它的排位匹配功能。

你可以认为，排位匹配的机制，是为了给不同水平的玩家在游戏内部切分出不同的服务环境，以满足不同水平玩家的游戏体验诉求。虽然难免被刷段位排行的玩家花式玩坏，但总体上来说，各种水平的玩家通过段位区分，还是能够找到旗鼓相当的对手或队友的。

再举一个蘑菇街大数据平台的具体例子。在蘑菇街的大数据开发平台中，IDE 脚本开发环境、作业任务调度系统、数据导入/导出服务、图表可视化服务分属四个独立的子系统。作为通用服务，这四个子系统都要做到足够灵活，能够提供给用户完整的控制和管理手段。所以无论如何优化用户交互体验，每个系统或多或少都需要用户掌握一定的背景知识。

对于熟练用户来说，这种模式通常情况下是合理的，也是必要的，因为业务需求千变万化，每个环节确实都存在需要精细化定制的情况。但对于刚接触平台的同学来说，如果要在短时间内同时掌握所有系统，学习成本和难度还是很高的。

举例来说，有一个业务团队的同学，想要从开发平台的一张数据表中定期抽取字段制作出一份业务图表进行展示。他不关心数据模型，也不在乎中间数据表格的名称，也不想操心建表逻辑、权限规范、可视化图表配置流程等。他只想以最快的速度拿到最后的展示图表。由于之前完全没有大数据开发平台的使用经验，为了完成这个任务，需要面对这么多的系统，学习各种系统服务的使用，刚接触到开发平台时，他的内心是抗拒的。

为此，我们针对这类需求，在通用组件的基础上封装定制了一套按固定逻辑快速自动化完成全链路配置工作的服务。用户只需要关心数据的具体查询逻辑，筛选出要展示的数据，在保存脚本时选择几个基本的参数配置来表达自己的业务语义即可，比如需不需要定期执行，想要用表格还是折线图模板来展示最终数据等。其他的中间步骤，如各个子系统之间的数据流转、参数配置，我们都自动帮用户在各个子系统中串联完成。

这个定制服务上线以后，虽然未必能解决那个业务方所有的问题，但简单上手的要求是做到了。事后他们也发现，随着深入使用，想要定制的地方越来越多。渐渐地，有些环节他们也开始使用我们的通用子系统进行精细化配置，自行组合串联业务流程。

那么这个服务是否就没有存在的必要呢？也不是，因为它降低了新用户的使用门槛。之后还有众多类似运营的业务方能使用这个服务做最简单的数据可视化工作，而这个服务也让一些潜在的用户最终成为我们的实际用户。所以，即使只是一个为入门引导而存在的产品，它也是有价值的。

3. 构建反馈式服务

比起响应迟钝的系统，更让人崩溃的是完全没有响应的系统。

你玩王者荣耀有没有被投诉过？你玩王者荣耀有没有投诉过别人？想想看，被人投诉的时候，你是什么时候收到邮件反馈的，有时会是一两天之后，你应该已经忘了你是因为接了一个电话挂机，还是演技爆发出工不出力而投诉的了吧。

而投诉别人的时候呢？没准下一盘游戏才打完，你就收到系统的邮件："感谢您的反馈，我们已经对该玩家进行了警告，将进一步核实，采取更严厉的行动"。这怎么可能？投诉方和被投诉方不应该同时收到邮件吗？再想想看，哪次你的投诉，没有收到系统的感谢邮件？真的是因为你的价值观"无敌"，判断永远公平正确吗？

显然，这是游戏运营方的一种运营策略，只是为了给用户一个及时的反馈，以表示作为服务提供者他们已经知道问题了，至于有没有后续行动，其实用户也不太关心。重要的是，用户出了一口恶气，而且看起来自己还是代表正义的，毕竟连运营商都站在自己这边。

再结合我们日常工作和生活中的场景想想，就不难理解及时反馈有多重要！比如去医院看病，看着人满为患的候诊大厅，想象一下，如果没有排号提示系统，不知道前面还有多少人，也不知道多长时间才能诊完一位患者，甚至不知道有没有医生正在为你服务，多数人怕是要急火攻心了吧。

在一个关注用户体验的系统中，但凡用户做了一个动作，或者一件事情的状态发生了变化，如果它的结果是用户关心的，或者关系到用户下一步该采取什么行动，又或者仅仅为了避免用户的疑虑，那么就应该想办法让用户得到及时的信息反馈。至于以什么样的形式反馈给用户，是界面变化、弹窗提示、引导查询、定时提醒，还是放在一个角落让用户自己发现，这就要因地制宜了。

4. 确保产品实现可持续改进

在王者荣耀中，各种英雄的设定经常被修改，动不动就来一个人物重置，美其名曰“王者归来”！

是开发商无事可做了吗？有这工夫，多推出两个新皮肤赚点钱不好吗？这么做的目的，当然是为了只可意会不可言传的“游戏平衡性”。但平衡怎么把握？凭什么削弱这个英雄加强那个英雄，凭感觉吗？靠用户反馈吗？都不是，靠的是数据分析！炉石传说的玩家对这个套路应该也不陌生，简单来说就是看胜率，哪个英雄或卡牌套路的胜率偏离平均水平太多就调整哪个。

所以说，产品是否可持续改进，固然和产品开发者的决心和能力有关，但仅有决心和能力往往是不够的。试问，如果都不知道问题出在哪，要改什么，又怎么去改？

要确保产品可持续改进，收集用户意见固然重要，但这往往是不够的。你需要主动收集产品使用过程中的相关数据和信息，除了一些客观指标，比如运行/加载/响应时间、服务负载、流量 QPS、错误统计，还可以包括系统交互是否流畅、哪里用户容易犯错、哪里容易导致用户流失，以及用户访问频率和复用率之类的数据。

这些信息，有些可能可以直接通过埋点统计、日志分析、流量/负载/响应监控等形式得到，有些可能就需要通过间接地分析用户行为和访问路径等手段来获取，比如交互体验是否流畅。

总之，如果一个产品的运行状态和用户的使用情况，对开发者来说是一个黑盒，那改进就无从谈起，不管通过什么手段，想办法拿到数据，让产品的运行状态更加透明，才是产品能够持续改进的不二法门。

2.5.2 从价值和利益的角度谈产品思维

To be or not to be, that is a question（做还是不做，这是一个问题）——谈完理想让我们来谈谈利益。

通常情况下，一个有理想、有抱负的技术同学，工作时的思路是：这个需求看起来蛮有挑战，让我来研究一下，搞定它！

这已算是一种迎难而上、非常积极的思维方式。不过，如果你问他有没有考虑过“做还是不做”这个问题，他可能会回答：“有啊，哪能不考虑呢，我评估了一下这件事情的难度，确实不容易。不过，我刚好有点背景知识，最近碰巧工作负担也不大，应该能搞定”。又或者：“产品那群人昨天又来找我开发一个功能，要什么自己都说不清楚，没空搭理他们，让他们回去想清楚再来找我”。

注意，这位同学有可能并不是反面例子，能做到这样有理有据地分析，其实已经很不错了！

不过，在这个过程中我们会发现，讨论的更多是要做的事情“是什么”“怎么做”“能不能做”。在做得好的时候，可能还会考虑“这么做是为什么”。但是通常情况下多数同学比较少考虑“为什么一定要这么做”“有没有别的解决方案”。几乎更不会考虑“这么做值得吗”“做点别的事是不是收益更高”。

简单地说，就是我们擅长在一件事情内部思考权衡，评估它的“义”，但是不擅长用这件事的收益在更大范围内进行横向比较，评估它的“利”。

现在的多数网游都会有一个所谓的内测、公测阶段。作为旁观者，你觉得这个阶段主要是用来做什么，就是为了提高游戏的质量吗？太天真了，这是游戏开发商为了评估一款游戏的模式是否可行、是否有市场、是否有盈利前景而采用的方式，不行就改，改了还不行就放弃了。

再比如，你知道王者荣耀有一个“官方模拟器”吗？它是做什么用的呢？其实就是在 PC 上模拟安卓的运行环境，在 PC 上玩“王者荣耀”。那官方模拟器应该是腾讯官方出品的吧？事实上并不是，腾讯之前也有一个名作游戏助手的手游模拟器，但这个官方模拟器已经替换成第三方公司出品的“逍遥安卓”模拟器了。

按理说，自己出品的游戏用自己出品的模拟器最合适，但即使像腾讯这样财大气粗的公司，也是要看投入产出比的。别人的产品做得更好就用别人的，没必要每件事都自己做。

再举一个大数据开发平台的例子——大数据平台应该怎么建设。前面提到工具化、平台化、服务化、产品化“四个现代化”这个宏伟目标。但如果一家公司的数据业务模式很简单，使用公有云提供的各种大数据服务都能轻松满足，那么为什么一定要从头建设自己的大数据平台呢？

有人说，我有钱任性，我有能力搞定，我需要掌握核心技术。其实这些说辞都没有意义，如果掌握一门核心技术，对公司和团队来说并没有实质的收益，不掌握又如何？社会的分工永远是一个不可逆转的大趋势。更何况，你所谓的核心技术，可能对别人来说早已经是普通得不能再普通的标准技术方案。

2.6 小结

大数据平台的成熟度水平和平台的整体技术能力固然相关，但决定服务水平高低、用户体验好坏和最终产品价值的，往往是开发人员在平台建设过程中体现出来的服务意识和产品思维。这两方面也常常被大多数开发人员所忽略，甚至还认为它们没有技术含量，而对它们不屑一顾。但事实上，服务意识和产品思维能力的培养有时候比掌握具体的技术更加困难。因为它们往往没有固定的标准可以遵循，也没有绝对的好坏对错可以简单评估，需要我们在大数据平台建设的过程中，不断地通过自身的思考和实践反馈去持续改进提高。

第3章

工作流（作业）调度系统

在大数据平台的所有组件中，工作流调度系统（Workflow Scheduler）无疑是最重要的核心组件之一，是任何一个稍微有点规模且不是简单做做的大数据开发平台都必不可少的重要组成部分。

根据具体语境、称呼习惯和功能指代范围的细微不同，工作流调度系统也常常被叫作作业调度系统（Job Scheduler）、任务调度系统、工作流作业调度系统，或者在约定场景下干脆被简称为调度系统。下文中我们也可能在不造成歧义的情况下，根据需要混用这几种称呼。

作为一个业务环境相对复杂的系统，工作流调度系统涉及的内容繁杂，针对的场景多种多样，实现的方案千差万别，是一个需要理论和实践并重的系统。

本章主要有两部分内容，第一部分内容重点谈理论，先从大的场景划分的角度出发，对市面上的各种调度系统进行分类讨论，然后针对具体的工作流调度系统探讨各自的架构流派和实现方案，并简单分析各自的优缺点。希望能让大家对工作流调度系统要做什么、该怎么做，有一个大致的了解。

但是，纸上得来终觉浅，绝知此事要躬行，实践才是硬道理。所以第二部分内容将结合蘑菇街开发工作流作业调度系统 Jarvis 过程中的实践经验，来和大家探讨在具体的工程环境中一个相对完备的大数据平台工作流调度系统的产品功能定位、架构实现及经验教训。

3.1 作业调度系统基础理论

除了 Crontab 和 Quartz 这类偏单机的定时调度程序/库（Quartz 也有分布式的版本，但和我们说的分布式作业调度系统其实还是有很大的区别），开源的分布式作业调度系统也有很多，比较知名的有 oozie、azkaban、chronos、zeus 等，还有阿里的 TBSchedule、SchedulerX，腾讯的 Lhotse，当当的 Elastic-job，唯品会的 Saturn 等。

可以说，几乎每家稍微有点规模的数据平台团队，都会有自己的作业调度系统实现方案，要不自研，要不在开源的基础上进行一些封装和改造，比如很多公司采取了封装 oozie 的方式来支持自家的大数据开发平台。

3.1.1 调度系统分类

1. 作业调度系统 VS 资源调度系统

在继续讨论作业调度系统之前，首先允许我讨论一下作业调度系统和资源调度系统（或集群调度系统）的区别，因为往往有同学把这两者混为一谈。后者的典型代表有 Yarn、Mesos、Omega、Borg，还有阿里的伏羲、腾讯的盖娅（Gaia）、百度的 Normandy 等。

资源调度系统的关注重点是底层物理资源的分配管理，目标是最大化地利用集群机器的 CPU、磁盘、网络等硬件资源，所调配和处理的往往是与业务逻辑没有直接关联的通用程序进程这样的对象。

而作业调度系统，关注的重点是在正确的时间点启动正确的作业，确保作业按照正确的依赖关系及时准确地执行。资源的利用率通常不是第一关注要点，业务流程的正确性才是最重要的。作业调度系统有时也会考虑负载均衡问题，但保证负载均衡更多的是为了系统自身的健壮性，而资源的合理利用作为一个可以优化的点，往往依托底层的资源调度系统来实现。

那么，为什么市面上会存在这么多的作业调度系统项目，作业调度系统为什么没有像 HDFS、Hive、HBase 之类的组件那样形成一个相对标准化的解决方案呢？归根结底，还是由作业调度系统的业务复杂性决定的。

一个成熟易用、便于管理和维护的作业调度系统，需要和大量的周边组件对接，不仅包括各种存储计算框架，还可能要处理或使用到血缘管理、权限控制、负载流控、监控报警、质量分析等各种服务或事务。这些事务环节，每家公司都有自己的解决方案，所以作业调度系统所处的整体外部环境千差万别，而且，各公司各种业务流程的定制化需求又进一步加大了环境的差异性，所以，调度系统很难做到既能灵活通用地适配广大用户的各种需求，又不太晦涩难用。

市面上现有的各种开源作业调度系统，不是在某些环节、功能上是缺失的，使用和运维的代价很高，需要大量二次开发；就是只针对特定的业务场景，形态简单，缺乏灵活性；要不就是在一些功能环节上是封闭自成体系的，很难和外部系统进行对接。

那么，理想中的完备作业调度系统，到底都要处理哪些事务呢？要做好这些事务都有哪些困难要克服，有哪些方案可以选择，市面上的开源调度系统项目又是如何应对这些问题的，下面我和大家一起来探讨一下。

根据实际的功能定位，市面上的作业调度系统主要分为两大类：定时分片类作业调度系统和 DAG 工作流类作业调度系统。这两类系统的架构和功能实现通常存在很大的差异。所以下文先做一下简单的比较。

2. 定时分片类作业调度系统

定时分片类系统的方向，重点定位于任务的分片执行场景，这类系统的代表包括 TBSchedule、SchedulerX、Elastic-job、Saturn。蘑菇街自研的 Vacuum 也是这样的系统。

这种功能定位的作业调度系统，其最早的需求来源和出发点往往是做一个分布式 Crontab 和 Quartz。

一开始各个业务方自成一体，自己搞自己的单机定时任务，随着业务的增加，各种定时任务越来越多，分散管理的代价越来越高。再加上有些业务随着数据量的增长，为了提高运行效率，也需要以分布式的方式在多台机器上并发执行。这时候，分布式分片调度系统也就应运而生了。

这类系统的实际应用场景，往往和日常维护工作或需要定时执行的业务逻辑有一定关联。比如需要定时批量清理一批机器的磁盘空间，需要定时生成一批商品清单，需要定时批量对一批数据建索引，需要定时对一批用户发送推送通知等。

这类系统的核心目标基本是以下两点。

- 对作业分片逻辑的支持：将一个大的任务拆成多个小任务，分配到不同的服务器上执行，难点在于要做到不漏、不重，保证负载均衡，节点崩溃时自动进行任务迁移等。
- 高可用的精确定时触发要求：因为往往涉及实际业务流程的及时性和准确性，所以通常需要保证任务触发的强实时和可靠性。

所以，负载均衡、弹性扩容、状态同步和失效转移通常是这类调度系统在架构设计时重点考虑的特性。

从接入方案和流程上来说，因为要支持分片逻辑和失效转移等，这类调度系统对所调度的任务通常都是有侵入性要求的。

常见的做法是用户作业需要依赖相关分片调度系统的客户端库函数，扩展一个作业调度类作为作业触发的入口点。一般还需要接收和处理分片信息用于对数据进行正确的分片处理。通常还需要实现一些接口用于满足服务端的管理需求，比如注册节点、注册作业、启动任务、停止任务、汇报状态等。有些系统还要求作业执行节点常驻守护进程，用于协调本地作业的管理和通信。

从触发实现逻辑的角度来说，为了在海量任务的情况下，保证严格精确定时触发，有一大半这类调度系统的定时触发逻辑，实际上是由执行节点自身在本地触发的。也就是说，要求作业或守护进程处于运行状态，向服务端注册作业，服务端分配分片信息和定时逻辑给客户端。但定时的触发，是由客户端库函数封装的如 Quartz 等定时逻辑来实际执行触发的。

这样做的首要目的当然是保证触发的精度和效率，降低服务端负载。此外，如果服务端短时间内不可用，只要作业配置保持不变，作业还是能够在客户端正常触发的。

也有一些系统是采用服务端触发逻辑的，这对服务端的要求就高了很多。因为这个时候，服务端不仅要协调分片逻辑，还要维护触发队列。所以采用服务端触发的系统，首先需要保证服务端的高可用，其次还要保障性能，因此，通常都是采用集群方案。

3. DAG 工作流类调度系统

DAG 工作流类调度系统的关注重点，则定位于任务的调度依赖关系的正确处理，分片执行的逻辑通常不是系统关注的核心，或者不是系统核心流程的关键组成部分，如果某些任务真的关注分片逻辑，往往交给后端集群（比如 MR 任务自带分片能力）或具体类型的任务执行后端去实现。

这类系统的代表包括 oozie、azkaban、chronos、zeus、Lhotse，还有各种大大小小的公有云服务提供的可视化工作流定义系统。蘑菇街自研的 Jarvis 调度系统也属于这类系统。

DAG 工作流类调度系统所服务的往往是作业繁多、作业之间的流程依赖比较复杂的场景，比如大数据开发平台的离线数仓报表业务，从数据采集、清洗，到各个层级的报表的汇总运算，再到最后数据导出到外部业务系统，一个完整的业务流程可能涉及成百上千个相互交叉、依赖关联的作业。

所以 DAG 工作流类调度系统关注的重点通常包括以下几点。

（1）足够丰富和灵活的依赖触发机制：比如时间触发任务、依赖触发任务、混合触发任务。

而依赖触发任务自身可能还要考虑多亲依赖、长短周期依赖（如小时任务依赖天任务，或者反过来）、依赖范围判定（比如所依赖任务最后一次成功就可以触发下游，还是过去一个星期的所有任务都成功才可以触发下游）、自身历史任务依赖、串并行触发机制等。

（2）作业的计划、变更和执行流水的管理和同步。

定时分片类调度系统中固然也要考虑这个需求，但通常相对简单。而在DAG工作流类调度系统中，因为任务触发机制的灵活性和作业依赖关系的复杂性，这个需求就尤为重要，需要提供的功能更加复杂，具体的问题解决起来也困难很多。

（3）任务的优先级管理、业务隔离、权限管理等。

在定时分片类调度系统中，具体执行端的业务在很多情况下本来就是隔离的，注册了特定业务的节点才会去执行特定的任务。而且业务链路一般都比较短，再加上强实时性要求，所以对优先级的管理通常要求也不高，基本靠资源隔离来实现资源的可用，一般不存在竞争资源的问题，权限管理也是一样的。

而在 DAG 工作流类调度系统中，往往一大批作业共享资源执行，所以优先级、负载隔离和权限管控的问题也就突显出来了。

（4）各种特殊流程的处理，比如暂停任务、重刷历史数据、人工标注失败或成功、临时任务和周期任务的协同等。

这类需求本质上也是业务流程的复杂性带来的，比如业务逻辑变更、脚本写错、上游数据有问题、下游系统挂掉等，而业务之间的网状关联性，导致处理问题时需要考虑的因素很多，也就要求处理的手段应足够灵活强大。

（5）完备的监控报警通知机制。

最简单的有任务失败报警、超时报警，复杂一点的有流量负载监控、业务进度监控和预测，如果做得再完善一点，还可以包括业务健康度监控分析、性能优化建议和问题诊断专家系统等。

需要注意的是，这两类系统的定位目标并不是绝对冲突矛盾的。只不过要同时圆满地支持这两类系统的需求，从实现的角度来说是很困难的，因为侧重点不同，在架构上多少会对某些方面做些取舍，当前的系统都没有做到完美的两者兼顾。但并不代表这两类系统的实现就一定是不可调和的，好比离线批处理计算框架和流式实时计算框架，长期以来它们各行其道，但是随着理论和实践的深入，也开始有依托一种框架统一处理两类计算业务的可能性出现。

3.1.2　工作流调度系统的两种心法流派

前面说到，DAG 工作流调度系统有很多开源实现，各大公司也往往有自己的系统实现。这些系统从开发语言、支持的任务类型、调度方式、监控报警，到业务接入的方式、周边管理工具的完备性等角度来说，都是千差万别的。这些差别在很大程度上都是具体产品形态实现细节上的差异，但是我认为其中之一是心法流派的差异，它在很大程度上影响了一个工作流调度系统的核心设计思想。

这个差异就是一个具体任务的执行，是依托一个静态执行列表，还是依托一个动态执行列表，下面我来详细解释一下。

1. 两个概念：作业计划（Job Plan）和任务实例（Task Instance）

要谈执行列表的心法流派问题，首先应明确作业计划和任务实例这两个概念。

通常情况下，既然你把一个作业放到调度系统上去监管执行，除了个别一次性作业，多数情况下这些作业都是需要周期性重复执行的。不同的是，有些作业是纯粹由时间驱动的，有些作业需要根据前置依赖任务的执行结果来触发执行。

那么什么时候执行这个作业，是每个月月底执行一次；还是每天凌晨两点执行一次；又或者是早上 9 点到晚上 6 点之间，每个小时执行一次？任务触发的条件是前置任务全部成功，还是任一前置任务成功，又或者是自身的上一次执行结果也要成功？能够回答这些问题的就是所谓的作业计划。

而具体到某年某月某天，一个作业什么时候真正执行一次？这一次具体的执行任务就是所谓的任务执行实例。

2. 静态执行列表 VS 动态执行列表

继续上面的内容讨论，所谓的静态执行列表流派，是指一个作业的具体执行实例，是根据作业计划提前计算并生成执行列表，且调度系统按照这个提前生成的执行列表去执行任务。有些调度系统实现，实际上就没有区分作业计划和任务执行列表，两者是合二为一的，依靠人工定义一个确定了依赖关系的任务列表，并定期执行整个列表。

对于实际有作业计划和执行列表之分的系统，常见的做法是在前一天晚上接近凌晨的时候，分析所有作业的时间要求和作业间的依赖关系，并生成之后一天所有需要执行的作业的实例列表，将每个具体任务实例的执行时间点和相互依赖关系固化下来。调度系统执行任务时，遍历检查这个列表，触发满足条件的任务的执行。

oozie、azkaban 和大多数公有云上的 Workflow 服务，以及蘑菇街的第一代 Jarvis 调度系统，基本上都属于这个流派。其中 oozie、azkaban 基本采用的是作业计划和执行列表一体的方案，蘑菇街的第一代 Jarvis 采用的是两者分离，由作业计划定期生成执行列表的方案。

所谓的动态执行列表流派，是指某个作业的具体执行实例，并没有提前固化计算出来，而是在它的上游任务（纯时间周期任务就是上一个周期的任务）执行完毕时，根据当前时间点最新的作业计划和依赖关系动态计算出来的。

zeus、chronos 和蘑菇街的第二代 Jarvis 调度系统，基本属于这个流派。

这两个流派没有绝对的优劣之分，各有优缺点，各有自己擅长处理的场景和不擅长处理的场景，所以有时候系统的具体实现也不是绝对互斥的，在某些具体的功能实现过程中也是有变化取舍的。

那么，为什么会有两种流派？提前生成执行列表还是在需要的时候再生成，有什么关系吗？两种流派各自的主要问题和难点是什么？

3. 罪恶之源

之所以会有两种流派，问题的源头在于，作业计划和执行实例列表这两者服务的对象不同。

从周期性作业管理的角度来说，你面向的对象当然应该是作业计划，当你想改变一个周期性作业的执行策略时，所修改的是作业的执行计划本身。而作为调度系统，在具体任务的执行过程中，它面向的对象则是任务的一次执行实例，而非计划本身。所以当计划产生变更时，就涉及作业计划和执行列表之间的同步问题。

对于静态执行列表流派来说，处理确定的任务执行列表是它的长项，因为执行列表一旦生成，那你就可以对它进行任意修改，甚至可以进行各种 Hack，不再需要考虑原有的作业计划依赖关系等。比如你今天想临时跳过一部分任务，直接把它们从实例列表中删除，并从下游任务的依赖列表中移除依赖关系就好了。

而对于动态执行列表流派来说，这种临时的 Hack 动作就会比较难处理，因为计划和实例是根据规则强关联自动生成的。要修改今天的任务实例，可能就要修改作业计划，而修改了作业计划，明天的任务实例也可能受到影响，这时候就需要采取其他变通的手段了。

但是，对于执行实例或具体实例的依赖关系难以提前确定和生成的场景，比如不等周期的依赖（比如月底的月任务依赖每天的日任务），或者任意成功条件即可触发，但触发实例个数不确定的情况，就几乎无法提前生成静态的执行列表。

比如，在一些短周期任务计划变更，或者任务依赖关系调整，以及在任务列表中同一个作业的多个任务实例已经有部分任务执行完毕的情况下，静态执行列表方案若要快速、正确地更新执行列表，就会遇到很大的挑战。

再比如，在一天的所有任务中，有些任务的修改是临时的，有些任务的修改是长期的，在这种情况下，静态执行列表的方案应该如何应对呢？对于计划和执行列表是一体的系统，几乎是没法做的，只能再复制生成一份临时执行列表，区别对待。而对于从计划列表定时生成执行列表的系统，则势必需要部分修改已经实例化的任务执行列表，部分修改未实例化的作业计划。在这种模式下，如何保证两边的修改不冲突，如果冲突以谁为主，甚至能发现冲突往往都是很困难的。而动态执行列表流派的调度系统处理这类问题就会简单很多。

所以，简单来说，静态执行列表方案擅长处理时间范围确定的，最好是当前周期已知的一次性任务变更，前提是你对如何 Hack 执行列表有清楚的认识。而动态执行列表方案擅长处理尚未发生的长期计划变更，对于不等周期和短周期任务的变更，时效性也会好很多，临时的一次性变更则需要通过其他方式来辅助完成。

当然，这两种流派针对自己不擅长的场景，多少也能找到各种补救手段来应对，并非完全一筹莫展，只是补救手段的复杂程度和代价大小的问题。

4. 如何选择

这两种流派我们都实践过，总体看来，静态执行列表方案的系统架构相对简单，系统运行逻辑相对清晰，容易分析问题，但是能处理的场景也比较有限。动态执行列表方案能覆盖的场景范围更广，计划变更响应更及时，但是系统架构实现相对复杂，运行逻辑也更加复杂，牵扯的因素较多，有时候不容易理顺逻辑。

所以，如果是在业务场景比较简单、任务依赖容易理清的场景下，静态执行列表方案的系统维护代价会比较小，反之，则应该考虑构建动态执行列表方案的系统。

这两种方案也并非完全互斥，蘑菇街的第一代 Jarvis 调度系统，就在一些局部功能中使用了静态执行列表的思想，来辅助处理一些整体采用动态执行列表方案时相对较难应对的问题。比如，用户需要知道今天有哪些任务要执行，什么时候执行，这就需要一个实例化的执行列表，总不能和用户说我们的任务是动态实例化的，还没有执行的作业，还没有实例化，所以无法展示吧。

3.1.3　工作流调度系统功能特性详解

谈完心法再来谈谈招式，不论流派如何，最后都要落实到系统实现，从系统的角度需要考虑的是，具备哪些特性可以提高稳定性，降低管理维护成本；从用户的角度关心的则是系统能够提供哪些功能，来帮助提高工作效率，降低开发使用成本。

1．工作流的定义方式

既然是工作流调度系统，用户首先要面对的问题，当然是如何定义和管理工作流。

1）静态显式定义和管理工作流

多数静态执行列表流派的系统，比如 oozie 和 azkaban，以及各种公有云的 Workflow 服务，都会包含创建工作流这个过程，用户需要定义一个具体的作业流程里面都包含哪些作业，以及它们的先后依赖关系如何。所不同的是，用户通过什么手段来定义和描述这个工作流。

oozie 要求用户提供 XML 文件（也可以通过 API 提交），按照规定的格式描述各个工作流的拓扑逻辑和作业的依赖关系，以及各种任务类型的细节配置等。

azkaban 则要求用户先定义.job 文件来描述作业的依赖关系，并为每个没有依赖关系的作业及其下游作业创建一个工作流。如果要嵌套子工作流，则需要先显式地申明和创建，然后将所有的.job 文件和作业执行需要的依赖打包成 zip 包，再通过服务器上传，最终在服务器上创建出工作流并展示给用户。

oozie 和 azkaban 采取的这两种方式，从系统设计的角度来说，对外部系统的关联和依赖比较小，是一个相对独立封闭的环境，演进起来比较自由。但这两个系统最大的问题是，周边的运维使用工具太缺乏，易用性很差。作为工具使用可以，但是作为平台服务，缺失了太多内容，工作流的定义和维护成本太高。所以很多公司在 oozie 和 azkaban 的基础上，对工作流的提交管理进行了二次开发封装，以降低使用难度。

而各种公有云的 Workflow 服务，则多半是通过图形化拖曳作业节点的方式，让用户显式定义工作流，本质上和 oozie 采取的方式没有太大区别，只是通过可视化的操作来屏蔽配置的语法细节，降低工作流定义的难度。

2）动态隐式定义和管理工作流

Chronos、Zeus 和蘑菇街的两代 Jarvis 调度系统，走的则是另一条路：系统中并没有让用户显式地定义一个工作流 Flow。实际上，这些系统的管理维度是作业，用户定义的是作业之间的依赖关系，哪些作业构成一个工作流，系统实际上并不关心，用户也不需要申明，系统只负责按规则将所有满足条件的任务调度起来，将一批任务圈定成一个工作流这种行为，对这类系统来说并非必需的。你甚至可以理解为整个系统里的所有作业就是一个多进多出并发执行的大工作流。

3）对比

你要问权限隔离、调度配置等没有了 Flow 的概念怎么处理呢？事实上，这些概念和一组任务的执行链路根本就没有必然的关系。Flow 关注的是依赖关系，而权限隔离、调度配置关注的是资源的管控，这两者涉及的对象可以重叠，但是并非一定要重叠，有时候也不适合重叠。

这两种处理方式各有什么优缺点呢？

显式定义工作流这种方式的优点是用户明确知道哪些任务是一组的，适合处理工作流内作业规模较小、工作流之间的作业没有交叉依赖、不会频繁变更的场景，用户的掌控感可能较强，但是作业规模大、关联复杂、变更频繁的场景实际上是不太适合的，另外，对依赖和触发逻辑的支持的局限性也较大。

而采用非显式定义工作流的方式，用户无须理会与手工定义和处理工作流这个概念，使用灵活，作业之间依赖变更、业务调整等行为，都会自动反映到整体的任务执行流程中。对于用户而言，管理的压力较小，作业流程变更操作简单。相对不足的地方是作业的分组这个概念没有 Flow 来承接，资源的管理需要通过其他方式来实现。

2．作业运行周期的管理

显式静态定义工作流的系统，对作业运行周期的管理，通常都是以整个工作流为单位来定义和管理的。当调度时间到了时，启动整个工作流，工作流内部的作业按照依赖关系依次执行。所以如果一个工作流内部存在需要按不同周期进行调度的作业，就会很难处理，需要利用各种补救手段去间接规避，比如拆分工作流、创建子工作流、复制多份作业等。

非显式动态定义工作流的系统，对作业运行周期的管理，通常是以单个作业为单位的，因为根本就没有固定的 Flow 这个单位可以管理，所以用户只需要按需定义自己作业的运行周期就好了。相对的，对调度系统开发者来说，实现的难度会比较大，因为正确地自动判定依赖触发关系的逻辑会比较复杂。

3．作业依赖关系的管理

在开始讨论依赖管理之前，我们先来看看通常用于判断一个作业的具体任务实例是否可以开始运行的条件都有哪些？

首先当然是时间依赖，大量的定时触发任务，依托时间来判断是否满足运行条件。其次是任务依赖，需要根据前置任务的执行情况，来决定当前任务是否满足运行条件。

通常情况下，这两种依赖条件构成了大多数调度系统启动任务运行的核心判定依据。但是有时候还有一种依赖条件，就是数据依赖，通过判断任务运行所依托的数据是否存在来决定是否启动任务。

理论上，如果所有生成数据的任务的运行状态和结果都能被调度系统所控制或感知，那么数据依赖这种依赖关系就是一个伪命题，既非必要，往往也不是最佳解决方案。

为什么这么说？因为数据依赖意味着对调度系统而言，业务逻辑不再是透明的，一方面，你需要知道获取数据信息的途径，另一方面，如何判定一个任务依赖的数据是否完备，本身也不是一件容易的事，容错性往往也不好。

比如你通过文件是否存在来判断，那么文件里的内容是错的呢？或者生成文件的任务跑了一半失败了，文件内容不完整呢？即使你能保证文件的正确性和原子性，那么如果上游任务重跑刷新了数据呢？你如何判定这种情况？

总体来说，个人认为，一个调度系统，如果对数据依赖这种依赖关系依托得越多，那么相对来说整个系统就越不成熟和完备，需要人工干涉的可能性越高。当然，事事无绝对，也有一些使用数据依赖才是最合理有效的解决方案的场景。而且，退一步说，调度系统再完善，也是一个有边界的系统，总难免一些依赖要通过外部数据的判定来实现。

下面继续讨论作业依赖关系的管理。

对于采用人工显式定义工作流的系统而言，在很大程度上，作业依赖的管理其实是通过对工作流的拓扑逻辑的管理来实现的，用户改变工作流的拓扑逻辑的过程，实际上也改变了作业间的依赖关系。而作业的任务依赖关系，其边界基本上就是在当前的工作流范围之内。

对于非显式定义工作流的系统而言，用户直接管理作业的依赖，所以这类系统一般都会提供给用户配置上游任务和触发条件的接口/界面。用户通过改变作业之间的依赖关系，间接影响关联作业的运行流程拓扑逻辑。

所以，你要问这两种定义和管理作业依赖的方式，看起来只是角度不同而已，换汤不换药，采用哪种方式只是流程的需要，实际效果没有什么区别吧？实际上，并不完全如此。

比如，从用户的角度来说：前面一种管理方式需要用户对工作流内部的作业比较了解，对当前的工作流拓扑逻辑也足够清晰，才能较好地保证将新的作业安排放置到正确的位置上去。但只要满足依赖，作业节点的安排位置也可以比较自由。

举一个简单的例子，比如 B 和 C 两个作业分别依赖作业 A，其他没有相互依赖关系。那么，我可以把 B 和 C 作业并行放在 A 作业后面，也可以为了控制资源使用，让 B 和 C 作业串联放置在 A 作业后面（相当于人工将作业 C 改为依赖作业 B）。

而后面一种管理方式，用户只需要关心当前任务的前置任务有哪些就可以了，因此对用户的要求降低了不少。不过这样一来，拓扑逻辑图是唯一且自动生成的（上例中的 A、B、C 作业，就只能是 B 和 C 作业并行放在 A 作业后面），但你无法自由调整工作流，实际上你也没有调整的必要。如果是为了控制作业优先级，大可通过其他方式实现。

后者还有一个很大的优势，如果你的任务依赖关系可以自动分析出来，比如 Hive 任务，可以通过解析脚本自动判断上下游数据表，并通过数据表关联自动找到上下游任务。那么多数情况下，用户甚至都可以不配置作业依赖关系，直接添加具体作业就可以了，工作流的拓扑关系全部交给系统自动分析、添加和调整。比如，蘑菇街的 Jarvis 调度系统，结合 Hive 元数据血缘分析工具，就基本上达到了这样的效果。

用户显式定义工作流这种模式，对跨工作流的任务依赖也很难处理，原本在一个工作流内部可以通过任务依赖来实现的控制，在跨工作流以后，通常只能通过数据依赖的手段来辅助实现了，但如前所述，这么做的话，一来用户可能需要定制数据依赖检测逻辑，二来在遇到数据重跑之类的场景时，任务的正确执行就需要进一步的人工干预处理了。

1. 作业异常管理和系统监控

常在河边走，哪有不湿鞋，运行作业多了，总会出问题。所以对用户来说，作业异常流程管理能力的好坏，也是工作流调度系统是否好用的一个重要考虑因素。

比如，一个中间任务的脚本逻辑有错，需要重跑自身及后续下游任务，该如何处理？用户通过什么样的方式完成这个工作？需要手工重新创建一个新的工作流，还是可以通过勾选作业，自动寻找下游任务的方式实现？

比如，一个任务运行失败，但是结果数据通过其他手段进行了修复，那么如何跳过该任务继续运行后续任务？

再比如，任务失败是否能够自动重试？重试有什么前提条件？需要做什么预处理？任务失败应该向谁报警？以什么方式报警？什么情况下停止报警？任务运行得慢要不要报警？怎么知道任务运行得比以前慢？多慢报警？不同的任务能否区别对待？等等。

这些方面都决定了用户的实际体验和系统的好用/易用程度，同时，对系统的整体流程框架设计也可能带来一些影响。

开源的工作流调度系统在这些方面通常做得相对简单，这也是很多公司二次开发改造的重点方向。

2. 资源和权限控制

有人的地方就有江湖。任务多了，势必就需要进行资源和权限管控。

最直接的问题就是，如果有很多任务都满足运行条件，在资源有限的情况下，先跑哪个？任务优先级如何定义和管理？

再退一步，你怎么知道哪些资源到了瓶颈？如果调度系统管理执行的任务类型很多，任务也可以在不同的机器或集群上运行，你如何判定哪些任务需要多少资源？哪些机器或集群资源不足？能否按照不同的条件区别管理，分类控制并发度或优先级？

而且，谁能编辑、运行、管理一个任务？用户角色怎么定义？和周边系统，比如 Hadoop/Hive 系统的权限管理体系如何对接配合？

这些方面的工作，多数开源的工作流调度系统也做得并不完善，或者说很难做到通用，因为很多功能需要和周边系统深度配合才可以完成。

3. 系统运维能力

系统运维能力包括是否有系统自身状态指标的监控，是否有业务操作日志、执行流水等便于分析排查问题，系统维护、升级、上下线能否快速完成，系统是否具备灰度更新能力等。

3.2 Jarvis 调度系统产品开发实践

上一节讨论了作业调度系统的分类、流派、架构实现方案等的优缺点及适用场景，还简单总结了理想中一个完备的工作流作业调度系统，应该具备哪些功能特性。

但是，纸上得来终觉浅，绝知此事要躬行，实践才是硬道理。刚巧蘑菇街在开发工作流作业调度系统方面有一些实践经验，所以来和大家具体探讨一下。

3.2.1 需求定位分析

如前所述，蘑菇街的 Jarvis 调度系统经历了两代系统的迭代发展。

第一代 Jarvis 调度系统的实现，是以静态执行列表的方案为基础实现的，系统每天晚上 11：30，根据周期性作业的计划和依赖关系，提前生成第二天要执行的所有任务列表和任务依赖关系。而第二代 Jarvis 则是以动态执行列表方案为基础的。

1. 第一代 Jarvis 系统的问题

第一代 Jarvis 系统是多年前部门内一位同事在短时间内构建起来的系统，当时由于受时间和人力资源所限，第一代系统的功能形态和架构实现方面都缺乏整体规划设计，在系统的模块化方面也没有太多考虑。

所以，自 2015 年下半年开始，我们开始构思第二代 Jarvis 系统的实现。重构的原因其实很简单，主要是为了提升系统的可维护性。

当时，在正常情况下，第一代 Jarvis 系统应对每日的作业调度流程问题不大，但是在运维管理、报警监控、流量控制、权限隔离等方面都没有较好的支持，模块化程度不够，所以功能拓展也比较困难。后续添加的各种功能都是以补丁的方式到处 Hack 流程来实现的，开发维护代价很高，添加新功能时一不小心就可能破坏了其他同样 Hack 的流程逻辑，导致一段时间内系统故障频发。

从功能上来说，第一代 Jarvis 调度系统，对于蘑菇街当时的应用场景，虽然能够勉强应对，但是遇到系统异常情况，或者稍微特殊一点的调度需求，往往需要大量的人工运维干预。

而且，系统所管理的作业任务快速增长，各种长周期任务（如月任务）和短周期任务（小时甚至分钟级别的任务）的需求日益增多，任务之间的依赖关系日趋复杂，而使用调度系统的用户也从单一的数仓团队向更多的业务开发团队甚至运营团队拓展。

因此，在拓展应用场景，降低使用成本、提升系统易用性也成为重构开发第二代 Jarvis 系统的重要目标。

2. 第二代 Jarvis 调度系统的设计目标

第二代 Jarvis 系统的核心设计目标，从后台调度系统自身逻辑的角度来看，大致包括以下几点：

- 准实时调度，支持短周期任务，作业计划的变更即时生效。
- 灵活的调度策略，触发方式需要支持：时间触发、依赖触发或混合触发，支持多种依赖关系等。
- 系统高可用，组件模块化，核心组件无状态化。
- 丰富的作业类型，能够灵活拓展。
- 支持用户权限管理，能和各种周边系统和底层存储计算框架既有的权限体系灵活对接。

- 做好多租户隔离，内建流控、负载均衡和作业优先级等机制。
- 开放系统接口，对外提供 REST API，便于对接周边系统。

从作业管控后台及用户交互的产品形态方面来看，则包括以下目标：

- 用户可以在管控后台中自主地对拥有权限的作业/任务进行管理，包括添加、删除、修改、重跑等，对没有权限的作业只能检索信息。
- 支持当日任务计划和执行流水的检索，支持周期作业信息的检索，包括作业概况、历史运行流水、运行日志、变更记录、依赖关系树查询等。
- 支持作业失败自动重试，可以设置自动重试次数、重试间隔等。
- 支持历史任务独立重刷，或者按照依赖关系重刷后续整条作业链路。
- 允许设置作业生命周期，可以临时禁止或启用一个周期作业。
- 支持任务失败报警、超时报警、到达指定时间未执行报警等异常情况的报警监控。
- 支持动态按应用、业务、优先级等维度调整作业执行的并发度。
- 调度时间和数据时间的分离。

从进一步提升易用性和可维护性的角度出发，和周边一些系统相结合，还有以下目标需求：

- 支持灰度功能，允许按特定条件筛选作业，按照特定策略灰度执行。
- 根据血缘信息，自动建立作业依赖关系。
- 任务日志分析，自动识别错误原因和类型。

3.2.2　具体功能目标的详细分析和实践

接下来，逐一讨论上述各条设计目标的需求来源、部分设计实现细节和相关实践经验。

（1）准实时调度，支持短周期任务，作业计划的变更即时生效。

所谓准实时调度，指的是第二代 Jarvis 的设计目标不是以强实时触发为最高原则的（只要触发时间到了，一定要精确准时执行），实际上第二代 Jarvis 的设计目标基本上是以资源使用情况为最高原则，受并发度控制、任务资源抢占、上游任务执行时间等因素的限制，第二代 Jarvis 只保证在资源许可的情况下，尽量按时执行作业。

所以，如果要保证特定作业的精确定时执行，就必须保障该作业的资源可用性和计划可控性，比如提高作业优先级、划定专门的执行队列和资源、没有外部依赖或者相关依赖作业执行时间严格可控等。但总体上来说，第二代 Jarvis 并不保证秒级别的精确定时触发逻辑。

另外，在第二代 Jarvis 的设计目标中，只要具体的任务还没有被触发进入就绪状态，所有作业计划的变更（增删改）就应该能够立刻生效，无须等到下一个周期或人工更新当日任务执行计划。

比如 9:00 的时候，用户修改了一个原定于 9:05 开始执行的作业的参数配置，改到 10:00 执行，那么从今天开始，这个修改就应该生效，也不需要人工干预，从计划中先挪除之前的计划再添加新计划等。

但如果这个作业当前周期的任务实例已经执行过了，比如 9:05 的任务已经执行完毕，在 11:00 修改调度计划在 14:00 执行，那么，这个修改第二天才会生效。

我们认为上述逻辑应该符合绝大多数用户的意图，如果有特殊情况，可以通过人工重跑任务等方式来实现。

具体的策略方面其实还有很多细节要考虑，比如面对一个月执行一次的长周期任务，或者一个小时执行一次的短周期任务，该如何处理这种计划的变更？在很多情况下，并没有绝对正确的处理方式，重要的是让默认的处理逻辑尽可能符合多数用户的意图，同时给予必要的结果反馈。

（2）灵活的调度策略，多种触发方式和依赖关系支持。

支持时间触发和作业依赖触发，这两个需求很好理解。为什么需要支持时间和依赖混合触发？有以下几方面的考量因素。

首先，一些作业的触发时间周期和父作业的触发时间周期可能不一致，比如月任务依赖日任务、小时任务依赖日任务等。

其次，有些作业属于低优先任务，在依赖满足的条件下，定制触发时间可以人工调配资源，错开集群峰值负载时间。

最后，在当前作业依赖多个父作业的情况下，填写时间触发周期有利于对特定周期依赖触发条件的判断，以及到点未执行等异常情况的报警判断。

本质上，各种按一个作业流定义整体触发周期的系统如 oozie 等，其实是把所有作业都定义成混合触发模式了，只不过这些作业的时间触发周期范围都一样而已。

在第二代 Jarvis 系统的实现中，我们只允许把仅有单个作业依赖的任务设置成纯依赖任务，存在多个父作业依赖关系的作业都要求配置成混合触发，也就是说，需要设定触发时间周期。

在作业依赖关系方面，当依赖的父作业在当前作业的触发周期区间内有多个任务时，第二代 Jarvis 支持以下几种依赖策略。

- All：调度区间内，所有依赖满足。
- Any：调度区间内，任何一个依赖满足。
- First（n）：调度区间内，前面 n 个依赖满足。
- Last（n）：调度区间内，后面 n 个依赖满足。
- Continuous（n）：连续 n 个依赖满足。

默认策略为 All，在实际情况下，对多数一天执行一次的离线作业来说，这几种策略都是等价的，但对于不等周期的作业之间的依赖关系就有区别了。通常 All 或 Last(1)的策略会常用一些，比如日任务依赖小时任务，可能只需要最新一次的小时任务执行成功，日任务就可以执行了。

（3）系统高可用，组件模块化，核心组件无状态化。

系统高可用当然是任何工程系统的通用追求，但是怎么实现高可用，以及实现的程度如何，那就因系统而异了。

从系统架构的角度出发，模块化的设计有利于功能隔离，降低组件耦合度和单个组件的复杂度，提升系统的可拓展性，在一定程度上有利于提升系统稳定性，但带来的问题是开发调试会更加困难，从这个角度来说又不利于稳定性的改进。所以各个功能模块拆不拆，怎么拆往往是需要权衡考虑的。

如下图所示，第二代 Jarvis 采用常见的主从式架构，有中心作业管理体系方案：Master 节点负责作业计划的管理和任务的调度分配，Worker 节点负责具体任务的执行。

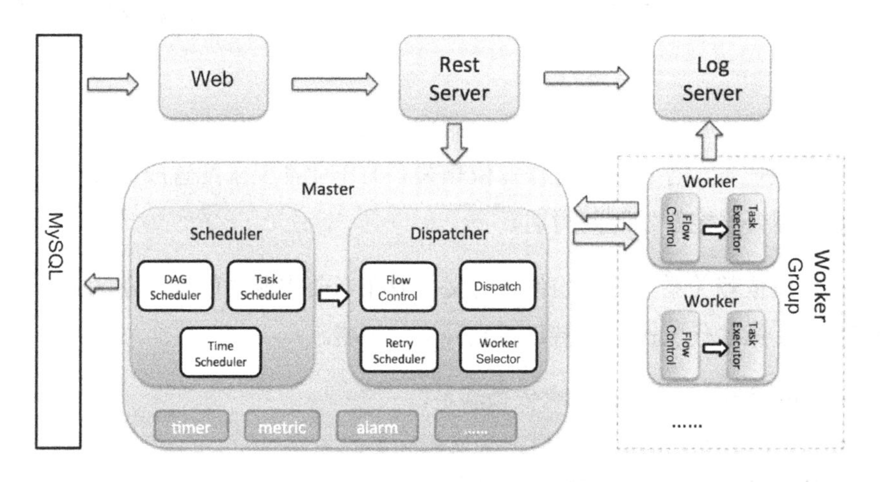

此外，第二代 Jarvis 使用专门的 Log 服务器管理任务日志的读写，用户通过 Web 控制后台管理作业，而 Web 控制后台与 Master 服务器之间的交互通过 Rest 服务来执行，Rest 服务也可以给 Web 控制后台以外的其他系统提供服务，用于支持外部系统和调度系统的业务流程对接。

实际上，第二代 Jarvis 还支持通过 Tesla 框架（蘑菇街自研的 RPC 服务框架）对外提供作业调度服务。

调度系统的核心逻辑，抽象来说就是一个状态机，所以，严格地按学术定义来说，核心组件是不可能做到无状态的。

所以，这里所说的无状态化，强调得更多的是各个调度组件运行时状态的持久化，在组件崩溃重启后，所有的运行时状态都应该能够通过外部持久化的数据快速恢复重建。

为了保证状态的一致，第二代 Jarvis 所有作业和任务的信息变更，无论是用户发起的作业配置修改，还是执行器反馈的作业状态变更，都会提交给 Master 节点同步写入外部数据库。

在高可用方面，按照准实时的设计目标，第二代 Jarvis 并没有打算做到秒级别的崩溃恢复速度，系统崩溃时，只要能在分钟级别范围内重建系统状态，就基本能满足系统的设计目标需求。

所以其实高可用性设计的关键在于：在重建的过程中，系统的状态能否准确恢复。比如，主节点崩溃或维护期间，发生状态变更的任务，在主节点恢复以后能否正确更新状态等。

而双机热备份无缝切换，目前来看实现难度较大（太多流程需要考虑原子操作、数据同步和避免竞争冲突），实际需求也不强烈，通过监控、自动重启和双机冷备份的方式来加快系统重建速度基本就可以了。

另外，为了提高系统局部维护和升级期间的系统可用性，第二代 Jarvis 支持 Worker 节点的动态上下线，可以对 Worker 节点进行滚动维护，当 Master 节点下线时，Worker 节点也会缓存任务的状态变更信息，等到 Master 节点重新上线后再次汇报结果。所以在一定程度上也能减少和规避系统不可用的时间。

（4）丰富的作业类型，能够灵活拓展。

作为通用调度系统，当然需要支持各种类型的作业调度。理论上，只要支持 Shell 作业，那任何类型的作业都可以交给用户，通过调用 Shell 脚本封装的形式调用起来。

但实际上，出于更好地控制作业的生命周期、定制执行流程、定制执行环境、适配作业参数、简化用户部署难度等需要考虑，往往还需要根据实际的作业类型，定制专门的执行器（Executor）来执行特定类型的作业。

第二代 Jarvis 通过标准化任务执行接口的方式实现作业类型的灵活拓展，

具体的调度 Worker 负责将任务相关信息和环境变量传递给特定类型的 Executor 进程去执行，每个 Executor 除了实现 run/kill/status 等任务运行管理接口，还可以实现 pre/post 等流程 Hook 接口，用于执行一些特殊作业运行前的准备或运行后的清理工作。

第二代 Jarvis 目前内建支持包括 Hive/Presto/MR/Spark/Java/Shell 及一些蘑菇街内部专属的作业类型，其他少数没有强烈定制需求的作业类型，还是交给具体业务实现方，通过 Shell 作业来封装实现。扩展作业类型并不困难，困难的其实是各种类型的作业之间，流程、功能、环境、部署等方面在通用和定制两个维度间的平衡取舍，即到底要定制到什么程度才是合理的。

（5）支持用户权限管理，能和各种周边系统和底层存储计算框架既有的权限体系灵活对接。

用户权限管理，其实一直是大数据生态环境最棘手的问题之一。

大数据系统组件众多，且不说从底层组件的角度来看，并没有一个统一完整的权限管控解决方案：比如 Kerberos、Sentry、Ranger 都有自己的局限性和适用范围，很多组件可能根本就没有权限体系，还有些组件不同的版本可能也有不同的权限体系方案。

从业务流程的角度来看，各家公司根据自己的应用场景也会有各种权限和用户管控需求。比如公司用户账号体系有统一的管理系统，不同业务流程要求不同的认证方式，各种大数据体系以外的系统（如 DB）有自己的权限和用户体系方案等。

而调度系统是对接这些组件的核心枢纽之一，所以势必需要一个通用的解决方案，能够灵活适配各个周边系统和底层组件。

但要在一个中间系统中实现完全管控其实很难。所以，在 Jarvis 的设计中，调度系统的核心逻辑实际上只是尽可能地起到用户和权限管理的二传手的作用，重点在于 Hook 好上下游系统，确保整体链路的权限管理流程体系的通畅无障碍。

对上，Jarvis 自身维护作业信息，但是不维护用户数据信息，通过模块化组件，借助外部系统获取和管理用户。比如，通过蘑菇街的统一登录服务，实现用户认证；通过蘑菇街的 RBAC 统一权限管理服务，对用户进行功能性验权；通过元数据管理系统等，进行业务组信息管理和任务、脚本、对象的授权管理。

对下，Jarvis 将权限控制所需的相关信息尽可能完整地向后传递，比如任务的作业类型、owner 归属信息、业务组信息、当前执行者信息等。

这样，具体的计算和存储框架的用户和权限匹配工作，可以在上层通过外部系统进行 Gateway 式的管理，也可以在下层交由对应具体类型的 Executor 去实现。各种组件采用哪种方式来实现用户管理和验权，各有什么优缺点和适用场景，这又是一个很复杂的话题，后续内容专门进行讨论。

（6）做好多租户隔离，内建流控、负载均衡和作业优先级等机制。

大多数的公有云工作流调度系统，多租户的隔离是简单、粗暴、彻底的，那就是业务上租户之间完全独立，租户之间的业务很难相互关联。同一租户的工作流方面也往往如此。所以，考虑得更多的是物理资源层面的隔离，这多半通过独立集群或虚拟化的方案来解决，同一租户内部，做得好的可能再考虑一下业务队列管理。

蘑菇街的业务环境则不适合采取类似的方案。首先，从业务的角度来说，不同的业务组（租户），虽然管理的作业会有所不同，但是往往不同租户之间的作业，相互依赖关系复杂，犬牙交错，变化也频繁，基本不可能在物理集群或机器的层面进行隔离，业务组之间的人员流动、业务变更也比较频繁。

其次，在同一租户业务内部，不同优先级的任务、不同类型的任务、不同应用来源的任务，包括周期任务、一次性任务、失败重试任务、历史重刷任务等各种情况，也有不同的资源和流控管控需求。

第二代 Jarvis 在上述需求方面主要实现并支持以下功能。

- 作业优先级定义，主要管理满足触发条件，在就绪任务队列中的任务的执行顺序。
- 多维度的并发度控制：包括作业类型（Hive/MR/Spark 等）、应用类型（作业的提交来源，比如是从开发平台提交的，还是从其他外部系统提交的）、调度类型（周期任务、一次性任务、重跑任务等）和优先级类型（关键任务、非关键任务）等多种维度的并发度控制。
- Worker 节点的被动负载反馈（在负载高的情况下拒绝接收任务）和主节点的主动负载均衡（轮询和 Worker 节点并发数控制等策略）。

其中，并发度控制相关的知识后面专门进行详细讨论。

（7）开放系统接口，对外提供 REST API，便于对接周边系统。

一方面，支撑调度系统自身逻辑运行，需要对接的周边系统众多，所以各组件和系统之间需要通过低耦合的接口进行对接。

另一方面，往往还有很多业务流程无法完全接入开发平台的调度系统体系统一进行管理。比如，外部业务方业务流程复杂，多数业务相关程序必须在自己的系统中运行，只有部分数据处理作业可以提交到数据平台上来，或者出于安全角度的考虑，只有部分任务需要（可以）提交到开发平台上执行和管理。再比如，一些外部业务可能需要根据调度系统中作业运行的相关状态信息来执行对应的流程方案。

第二代 Jarvis 自身调度组件之间采用 RPC 通信提高交互效率和可靠性，与后台管控组件和周边系统之间采用 REST 服务或蘑菇街通用 RPC 服务封装进行通信和作业管理。同时对外部系统提供诸如作业状态变更、消息通知等机制来辅助业务决策或串流外部业务流程。

（8）用户可以在管控后台中，自主地对拥有权限的作业/任务进行管理，包括添加、删除、修改、重跑等。

管理后台的部分界面设计如下图所示，这部分内容很直白，根本目的是让用户能够尽可能地进行自助服务，同时降低操作代价，减少犯错的可能性。

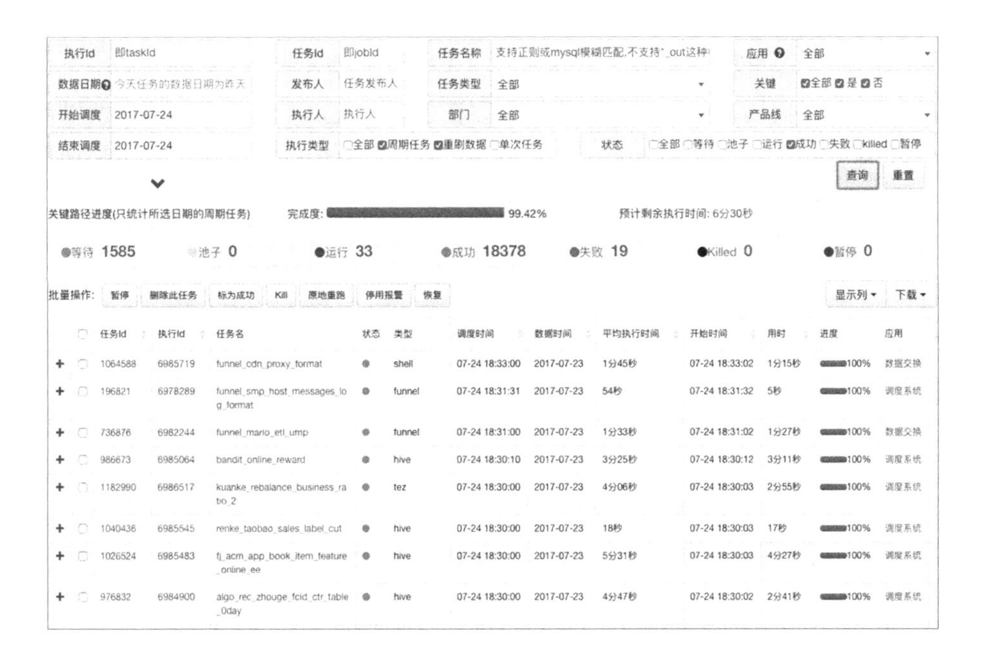

（9）支持当日任务计划和执行流水的检索，支持周期作业信息的检索，包括作业概况、历史运行流水、运行日志、变更记录、依赖关系树查询等。

这部分功能是为了让系统更加透明，让业务更加可控，让排查和分析问题更加容易。当然，也是为了降低平台开发和维护者背黑锅的可能性。尽可能地让一切作业任务信息和变更记录都有源可查，做到冤有头债有主。下图所示是某个作业任务最近 30 次的执行时间。

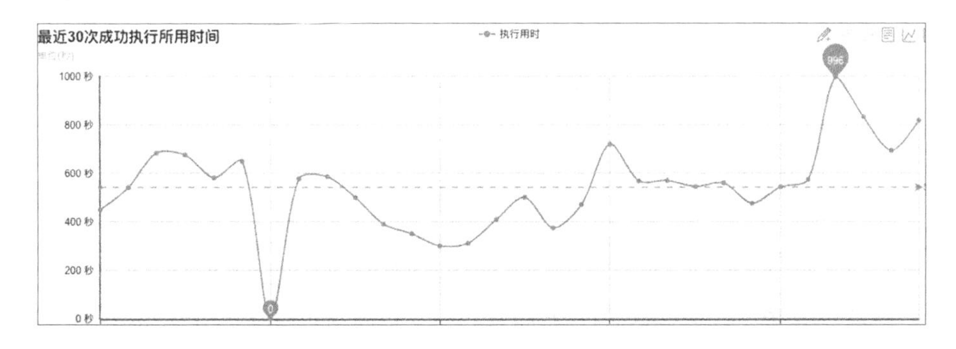

（10）支持作业失败自动重试，可以设置自动重试次数、重试间隔等。

这部分功能也很直白，作业失败的原因很多，有些情况可能是临时的，比如网络原因、集群或外部 DB 负载原因，可能重试之后就好了。你当然不希望半夜起来处理问题，但发现问题已经不存在了，只是点一下重跑按钮。所以，为了降低运维代价，我们需要可以支持相关重试策略的配置。当然，更加理想的情况是系统可以智能地根据失败原因采取不同的策略。

（11）支持历史任务独立重刷，或者按照依赖关系重刷后续整条作业链路。

用户永远是对的，所以，用户三天两头批量重刷历史任务也是理直气壮的！既然如此，我们就需要提供一个方便的手段，让用户高效地去做正确的事情……

与当天失败任务的处理不同，失败任务的下游后续任务默认都是阻塞的，所以，修改脚本也好，修复其他错误原因也好，只要重新开始执行失败任务，恢复计划中的作业流程就好了，基本上就是一个暂停—修复—重启动的过程。

而当执行历史任务重刷时，通常情况下，对应的历史任务是已经执行成功过的，所以用户的意图是单独重跑这个任务，还是重跑所有下游依赖任务，甚至只是重跑部分下游任务，都是有可能的，系统自身无法判断。此外，重跑的日期范围等都需要用户明确定义。如何给用户提供一个便捷的手段完成相关操作，上述所有内容都需要考虑。

如下页的图所示，第二代 Jarvis 的做法是提供图形化界面，让用户搜索和选择相关作业，可以树形展开单独勾选这些作业的部分下游作业，也可以选择重跑所有下游作业，并提供日期选择范围。

用户交互容易处理，更难处理的问题是重刷逻辑的构建，以及它和正常调度逻辑的共存。

首先，需要根据所选的作业构建正确的依赖关系（只依赖链路选择范围内部的作业，需要排除其他预定义依赖），生成执行列表。

其次，要考虑作业的串行/并行执行机制，以及重刷任务和正常周期任务之间的依赖关系是否会干扰周期任务。还要考虑运行是否冲突，如果冲突如何处理等；如果相同数据日期的作业重刷成功，对应失败的周期任务如何解决等。

这里面可能包含很多的业务流程逻辑，你可以完全不处理，也可以按照你认为合理的方式包办一切。选择怎样的业务流程逻辑，没有唯一的答案，取决于你所提供的功能的形态定义和场景的需求与多数用户的认知是否能达成一致。

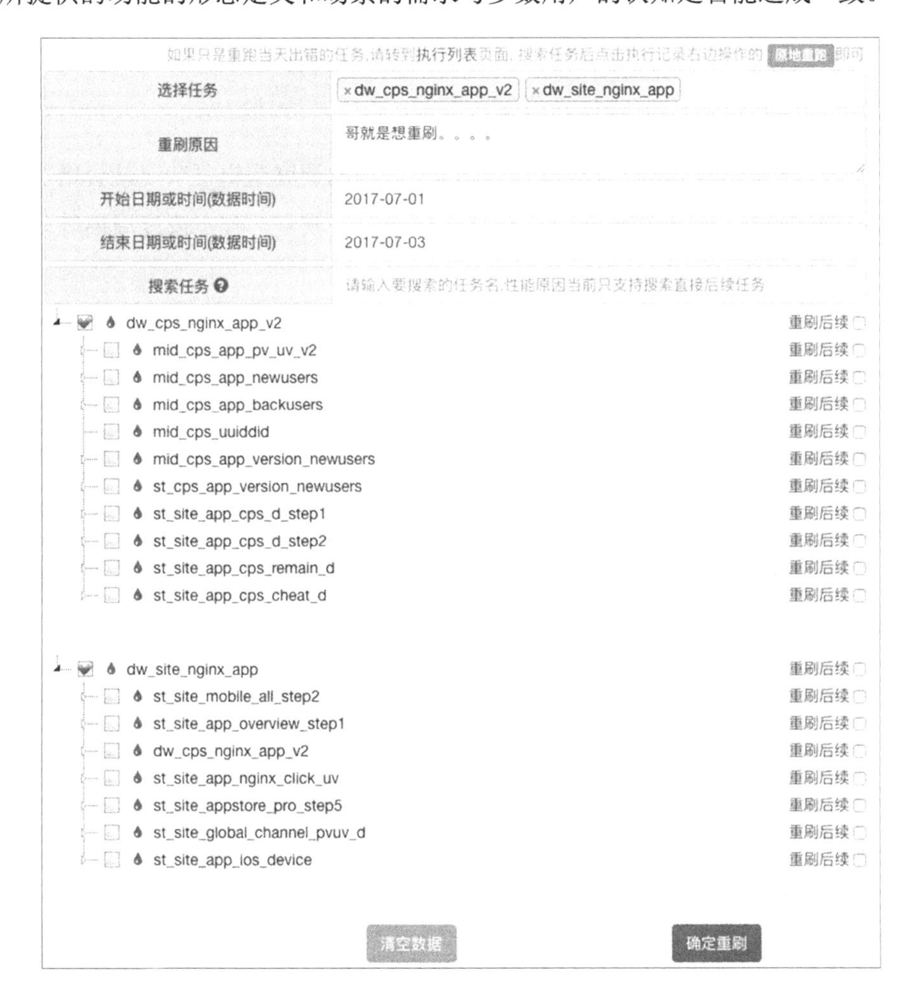

（12）允许设置作业生命周期，可以临时禁止或启用一个周期作业。

维护一个服务平台，让人伤脑筋的问题之一就是用户用完即忘，留下一堆垃圾作业，浪费系统资源。而你要让用户定期清理，用户也有苦衷，这个作业现在是不用了，但是说不定哪天我要再用一下呢……

为了降低维护代价和机会成本，设置作业生命周期是一种可以采取的手段。虽然作用有限，多数同学实际上不会去设置，不过总是聊胜于无吧。 而且，万一哪天你强势起来，可以强制设置有限的生命周期，要求用户定期刷新。

提供临时禁止和启用的功能，也是降低用户心理负担的一种方式。这些功能平时也可以用作一些特殊操作的变通手段。

不过，凡事总有代价。要支持这些功能，系统的调度逻辑复杂度就会增加，在生成调度计划、触发作业执行，包括系统暂停、恢复、判定调度周期等场景下，需要权衡考虑的问题就多了很多。

另外，还需要考虑依赖关系链问题，禁止了一个作业，下游的作业怎么办？是挪除依赖还是自动禁止？当前我们的实现是不允许禁止还有下游依赖的作业的。

总之，在易用性、可维护性和实现复杂性之间要取得一个平衡，还是蛮伤脑筋的。

（13）支持任务失败报警、超时报警、到达指定时间未执行报警等异常情况的报警监控。

这个需求同样很明确、很直白，困难的地方在于如何做到智能化。

设定条件太宽，过多的无用报警只会让大家精神紧张，降低报警的作用。设定条件太严，该报警的没有及时报警，肯定更不行了。

比如任务失败报警，配置了失败重试逻辑，那么是第一次任务失败了报警，还是任务失败三次后再报警？你认为可以让用户来选择，但用户往往不会主动做这个选择。理想的情况下，不应该按固定的次数来判断，而应该按照重试代价来评估，如果重跑一次任务只需要 5 秒钟，那重试几次都失败了之后再报警又如何？如果跑一次就需要两小时，那最好还是出了问题立即报警。

而且，报警的逻辑和调度系统自身的逻辑不应该是强耦合的，因为这里面可能掺杂了大量随时调整的业务逻辑。

- 可能需要支持按业务组（用户组）排班的方式报警。比如很多业务可能是一个团队共同负责的，每天安排人值班。
- 可能在不同的时间段需要设置不同的报警策略。比如非关键业务，不着急处理，如果是半夜出错了，也不着急报警，上班时间再报警。
- 可能需要设置不同的报警方式。比如短信、电话、邮件、IM 工具等。
- 可能需要临时调整报警的行为方式。比如大促高峰流量期间、系统维护期间等。

所以，智能地根据业务和历史信息进行报警，以及核心调度逻辑松耦合，能够灵活调整策略，满足不同场景的需求，这两点才是实现报警功能的难点所在。

在第二代 Jarvis 系统中，主要的思路是，尽可能把与调度逻辑无关的策略部分剥离出去。报警行为的触发判定功能模块化，而具体报警策略的制定，通过独立的报警服务平台来承接，解耦核心调度逻辑和报警策略之间的关联关系。

（14）支持动态按应用、业务、优先级等维度调整作业执行的并发度。

这里所谓的并发度，指的不是一个作业分成几片执行，而是系统中允许多少个特定类型的作业并行执行。

如果集群资源无限丰富，那么当然不用考虑流控问题，但实际情况往往是僧多粥少，你的集群优化工作做得越好，集群利用率越高，这个问题就越突出，因为缓冲的余地就越小。

虚拟化动态弹性集群资源固然是一种解决方式，但实际情况是弹性的响应周期和弹性的范围，与业务的需求往往并不能完全匹配。所以，或多或少地自主控制资源的使用量总是一个逃不过去的问题。

但是决定是否能够给一个具体的任务分配资源并运行起来，往往需要考虑这个任务多方面的属性。

- 任务类型。因为不同的任务类型，需要的资源和对应的执行环境往往不同，对资源的消耗也不同。

- 调度来源。比如正常的调度作业、重刷历史作业、临时性一次跑的业务，可能共享相同的资源，但是互相之间又不能过于互相影响，比如多数情况下要留给正常的调度作业足够的资源。
- 业务重要程度。比如核心业务的作业，需要优先保证执行，很可能需要更多的资源和并发度支持。

这几个维度的参数通常是混杂在一起的，比如一个重刷历史的属于核心业务范围的 Spark 任务，能不能跑起来？

在蘑菇街第二代 Jarvis 系统的早期实现中，多种维度的并发度是独立设置、全局生效、共同约束的，任何一个维度的条件不满足，对应的作业任务就跑不起来。

这种实现方案的优点是实现简单，缺点是正确地划分维度并不容易，有些时候，你很难做到既精确地控制某一特定属性集合的作业，又不对其他作业的并发度控制逻辑造成影响。因为这些维度是纠缠在一起的。

举个例子，比如某一天系统出了一些问题，作业跑得慢了，我如果想要确保核心业务的产出时间，则可以临时降低非核心业务的并发度，腾出资源给核心业务使用。但如果我又希望非核心业务中的一些实时计算相关任务不要延迟太严重，要有足够的资源可用，那就很尴尬了，因为上述条件“与”的逻辑并不支持这种设定方式。一定要实现的话，需要一个“或”的逻辑。但这样的话，各种并发度条件设置的综合效果，对用户来说就更难理顺和理解了。

总体而言，按不同维度进行并发度控制，有着广泛的应用场景和价值，但是具体的实现和维度分类方式值得深入思考和研究。

在第二代 Jarvis 系统最新的实现中，我们对并发度维度管控的方案进行了调整，不再基于每个维度单独统计和控制任务并发度，而是基于规则进行控制。如下图所示，作业的维度信息依然存在，但是它不再是一个独立的管控对象，而是作为规则的输入参数。平台管理者可以组合各个维度信息，筛选任务，对这些任务进行并发度控制。

并发度限制规则

规则设置说明:当前支持多维度组合限制和单维度限制,同时支持设置在每天的特定时间段内生效.
使用时以下几点请注意:
第一,多维度组合限制中每个维度都支持【*】选项,且所有多维组合只能为正向;
第二,多维度组合限制中比如有两个维度dim1(限制项A,B),dim2(限制项C,D),代表(A,C),(A,D),(B,C),(B,D)均受限;
第三,单维度限制支持【*】选项(选择【*】的时候只能为正向),非【*】时支持正反向;
第四,单个维度中有多项比如A,B,C,限制上限为R,代表A,B,C的单体上限分别为R,而不是A,B,C的总体上限为R;
第五,开始和结束时间任意一个为空,则表示没有时间限制,全天生效;
第六,六个维度的限制必须至少有一个不为空;
第七,执行人维度花名只能填写拼音;
第八,如果限制中相同维度匹配到【*】和特定条件,以特定条件为主,特定条件策略为【*】策略的子策略,会被显示出来.

是否正向匹配	反向匹配 正向匹配	并发度上限数	限制这条规则限制下的任务并发度上限
开始时间	每天限制开始时间	结束时间	每天限制结束时间
任务Ids	请填写任务id	执行人	请填写执行人
应用	限制任务所属应用	任务类型	请填写任务类型
调度类型	限制任务的任务类型	业务类型	限制任务的业务类型

保存

这么做的好处是并发度的管控可以做到更加灵活，既可以根据单一维度进行管控，比如控制 Hive 类型任务的并发度，又可以对特定属性集合的任务进行精细管控，比如控制某个特定用户在特定时间范围临时执行的 MR 任务等。

这么做以后，如果一个作业同时被多条规则所匹配，那么能否执行是由各条规则综合判定决定的，所以对用户来说倒推原因是有难度的，因此在一个任务被限制执行时，我们还会具体给出该作业是被哪条规则所限制，方便用户定位问题。

（15）调度时间和数据时间的分离。

先解释一下这两个概念。

调度时间指的是一个作业的任务实例，按计划是什么时候跑起来的。如果一定要细分，由于任务调度受各种因素干扰，不一定能够按时执行，所以还可以分为计划调度时间和实际执行时间。

而数据时间这个概念，对很多强实时性要求的分片作业系统来说，通常并没有意义，也不是一个必需的环境参数。但对于用在大数据平台业务领域的工作流调度系统来说，往往是一个重要的参数，重要到可以成为必备参数。

举例来说，在离线数据业务处理流程中，常见的逻辑是从一天的凌晨开始，批量计算和处理前一天的数据。这时候，调度日期是 T，而数据日期则是 T-1。

如果你说那不能固定地认为数据日期就是 T-1 吗？脚本根据调度时间，自己位移并计算数据时间就好了呀。

可惜的是，即使抛开用户使用成本不说，这种假设在很多情况下也是不成立的。比如，你在今天重刷 3 天前的作业，需要处理的数据是 T-4 呢？比如，如果你的任务是短周期小时任务，时间位移是以小时为单位呢？

所以，我们的做法是调度时间和数据时间是分离的，用户主动调度任务时后者可以独立设置。而对于系统定时生成的周期性作业的数据时间，则是通过作业调度计划和作业周期类型自动判断并生成的，并以环境变量参数的形式传递给具体任务。

爱思考的同学可能还会问：只有数据时间可不可以？调度时间好像没啥用。应该说对于作业自身运行逻辑来说，这可能比只有调度时间好很多，但是有些场合还是需要调度时间参数。此外，更重要的是，调度时间是调度系统用来管理作业调度生命周期的重要依据，是系统运转不可或缺的部分。

（16）支持灰度功能，允许按特定条件筛选作业，并按照特定的策略灰度执行。

没有不下线的系统，没有不犯错的人。降低系统变更风险的最好办法就是不变更，其次是局部变更、验证，再整体变更，也就是所谓的灰度发布。

蘑菇街第二代 Jarvis 系统的灰度服务功能，其设计目标包含了两个层面的内容，一个是和自身系统升级等相关的灰度，另一个是业务层面的灰度。

举个例子，比如调度系统对接的 Hive 执行后端想要升级，那么能不能先灰度一部分 Hive 作业跑在新版本的 Hive 执行引擎上，验证一下脚本、语法的兼容性和性能呢？这个动作能不能不修改任何脚本，对用户也是透明的呢？

再比如，一部分业务逻辑我想换一种执行方式；或者出于快速验证性能或流程的目的，一批作业想要 dummy 执行。

我们当前的实现方式，是让用户先根据各种作业属性信息和创建规则，筛选出一批作业，然后按照一定的灰度比例定向发布到特定的机器（Worker）上执行。这种实现方式可以处理大部分通过执行器（部署在 Worker 上）的变更就能够完成的灰度任务（比如前面提到的灰度升级 Hive 版本），理论上多数任务也一定可以通过这种灰度手段来完成，只是代价大小的问题。

对于无法低成本地通过执行器变更完成的任务，比如，修改作业自身的业务参数或运行变量等，理论上我们只需要增加更多的灰度手段就好，灰度的筛选规则和整体流程、用户交互形式都可以保持不变。不过，难点是可能有些灰度手段会涉及调度组件自身功能逻辑的一些变更，目前看来这方面的需求不太明显，但是一个可以改进的方向。

（17）根据血缘信息，自动建立作业依赖关系。

先从作业脚本中自动分析血缘关系，然后自动建立作业的依赖关系，当然是为了进一步降低用户构建工作流拓扑逻辑的代价。

在很多情况下，用户可能只知道自己的任务读取的是哪一张表的数据，但根本不知道或不关心这张表是由哪个作业任务生成的、是什么时候生成的。那他如何定义出作业的依赖关系呢？去找负责上游业务的同学打听吗？更糟糕的情况是，如果将来生成这张表的作业发生了变更，换成另外一个作业怎么办？

所以，降低这部分工作的难度，对于维护准确的作业拓扑逻辑关系，保障业务正确稳定运行还是有很大价值的。而对用户来说，如果他只需要开发脚本并提交，作业依赖关系依托系统自动完成，对于提高工作效率来说也应该是极好的。

但是自动分析作业血缘关系这件事并不容易，目前，我们只实现了针对 Hive 脚本和部分我们自身系统生成的 Shell 脚本的血缘关系分析。

由于涉及语法分析，所以如果不是文本或 SQL 形式的作业，而是 MR 作业或 Java 作业。那么，自动分析依赖关系基本上是不太现实的，所以我们也提供给用户人工编辑依赖关系的选择。毕竟，从本质上来说，作业的依赖关系最终还是用户说了算。

（18）任务日志分析，自动识别错误原因和类型。

维护开发平台的同学应该多少都有些体会，但凡作业跑出问题了，不管 Log 日志记录多么详细，哪怕错误原因日志里都明确写出来了，还是会有一些业务开发同学第一时间来找你。你要问他为什么不能先翻一下日志，或者先谷歌一下呢？他可能会告诉你日志太长了或看不懂……

说实话，这也不能完全怪他们，有人依靠多容易啊，再者，有时候他们压根就没想好好研究脚本该怎么写、正确的业务流程应该是怎样的，他们还有 GMV 指标要背，没空自己排错，你帮我排错多好。所以要想改变用户，基本是不现实的，想要不被琐事累死，还是要靠自己。

比如，自动分析运行日志，识别常见的错误模式，明确地告诉用户错误类型，如果可以，也可以告知用户解决方案。

如下图所示，当一个 Hive 任务执行失败时，系统会帮用户分析出可能的错误原因，本例是简单地根据错误关键字进行解释翻译。

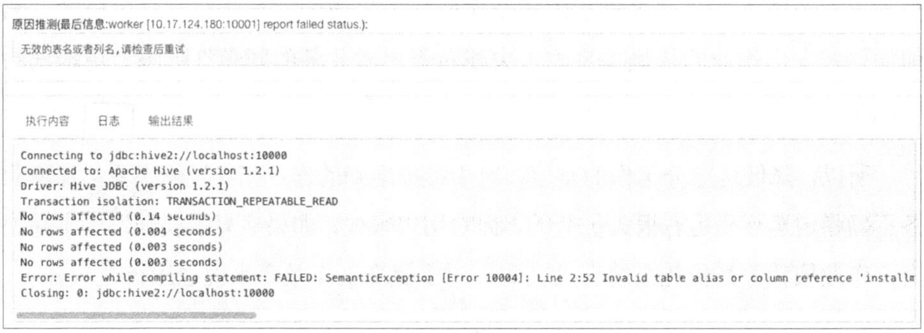

原因推测(最后信息:worker [10.17.124.180:10001] report failed status.):

无效的表名或者列名，请检查后重试

执行内容　日志　输出结果

```
Connecting to jdbc:hive2://localhost:10000
Connected to: Apache Hive (version 1.2.1)
Driver: Hive JDBC (version 1.2.1)
Transaction isolation: TRANSACTION_REPEATABLE_READ
No rows affected (0.14 seconds)
No rows affected (0.004 seconds)
No rows affected (0.003 seconds)
No rows affected (0.003 seconds)
Error: Error while compiling statement: FAILED: SemanticException [Error 10004]: Line 2:52 Invalid table alias or column reference 'installm
Closing: 0: jdbc:hive2://localhost:10000
```

不过，你可能会说，这很好，但是这和调度系统好像并没有太直接的关系，应该将其作为开发平台整体功能的一部分。

是的，虽然从服务用户的角度来说，任务日志分析好像更多的是脚本业务逻辑开发方面的辅助功能。但其实，从作业运行管理的角度来说，任务日志分析和调度系统自身功能服务还是有一定关系的。

比如，你可以通过任务错误的类型，来决定该任务是否需要重试。如果是语法错误，显然没必要重试了。如果是集群错误或 DB 超时之类，没准重跑一下是可行的。

再比如，你还可以通过错误的类型，来决定要向谁发送错误报警。如果是业务逻辑、语法之类的问题，那么报警给业务 Owner；如果是集群、执行引擎、网络之类的问题，那么发给业务方可能也没用，还是发给平台维护者来处理更好一些。

蘑菇街的第二代 Jarvis 系统当前只实现了上述功能的一部分，毕竟错误的类型多种多样且情况复杂，要做到智能识别并不容易。

3.2.3　第二代 Jarvis 现状和将来

下面总结一下蘑菇街第二代 Jarvis 系统的现状，以及将来想要改进的方向，给希望进一步思考工程化问题的同学更多的参考信息。

1. 现状和问题

整体来说，本文前面所描述的一众设计目标，第二代 Jarvis 系统基本都已经实现了。经过近两年的开发和持续改进，当前，第二代 Jarvis 调度系统日常日均承载数万个周期调度作业，以及大致数量级的一次性任务作业和重刷任务作业。由于系统自身原因造成的大规模系统故障已经非常罕见。

但是，当前整体系统的流程逻辑，有些部分的实现过于定制化，为了降低开发难度，还有一些偏外围的业务逻辑被耦合到了核心调度流程中，不利于系统功能的后续拓展和调整。

此外，在突发峰值或极端高负载情况下的系统稳定性和节点失效恢复能力，尤其是在高负载大流量情况下，遇到系统硬件、内存、DB 或网络异常问题时，能否较好地进行容错处理，还需要经历更多的复杂场景来加以磨炼。

2. 产品改进目标

系统自身的稳定性，以及一些既有逻辑的梳理重构，这些太过细节，所以我就不说了，下面主要谈谈产品形态方面的改进目标。

3. 系统整体业务健康度检测和评估手段改进

为了保障系统健康运行，监控当然是必不可少的，从系统监控的维度来说，监控大致有以下几种做法。

首先是硬件指标层面的监控，比如监控 CPU、内存、IO、网络的使用情况，只要想去做，这种监控实施起来都不难。

其次是系统和进程层面的监控，比如服务是否存活、进程有没有假死、GC 情况等，这种监控稍微麻烦一点，但也不是一件困难的事。

还有组件和链路层面的监控，比如各功能调用的链路跟踪记录，以及各组件和功能模块自身 Metrics 的统计，这些相对来说实现起来就复杂很多了。

以上这些监控手段，对于分析具体的故障和问题是有帮助的，但是对于工作流调度系统这样一个关联系统众多，承载了大量用户自行定义的业务逻辑的复杂系统来说，往往还是不够的，这点我们深有体会。

比如，某天凌晨，你突然被大批的作业延时报警吵醒，怎么办？什么原因？最幸运的情况是你发现前面有作业失败（有报警，但没吵醒你），阻塞了后面的作业运行，那么，赶紧有针对性地分析一下就好了。但是如果没有作业失败呢？系统进程看起来也都活着，后端 Hadoop 集群负载和平时也没有太大区别，甚至有可能比平时还要低很多。（不正常，但是原因是什么）

你想看一下具体某个超时未运行的作业是什么情况，可是依赖链路复杂，上游有十几层依赖上千个作业，有些作业完成了，有些作业还没有完成。检查部分上游执行完毕的作业，也没有发现明显的异常，就是触发执行的时间比以前晚了，实际运行时间有些长了、有些更短了，变长变短是否属于正常现象却不好说……

上面这种情况毕竟还有迹可查，还有更难以处理的情况，比如有一天你发现最近主要的离线批处理作业流程的整体产出时间，平均比上个月推迟了两个小时，但是这个变化是渐进的，找不到某一天开始有明显变化的点。事实上，受各种因素影响，这些作业流程的产出时间的日常波动范围也在一个小时到两个小时之间，所以每天的环比根本看不出问题，只是放大时间范围来看，总体趋势在变坏中……

所以是整体数据量变化导致的吗？是某些组件负载或容量趋近瓶颈，性能缓慢变差的原因吗？是最近业务方太闲，写了很多脚本，模型越来越复杂导致的吗？还是局部某个作业的脚本写法不科学，数据不断累积，数据倾斜日益严重拖累了下游业务？千头万绪，你如何入手展开分析？

上述问题之所以难解决，本质的原因还是可能导致问题的相关因素太多，信息过于繁杂，难以快速甄别有用信息。可以采取的解决方法有：广泛收集各种维度的业务历史信息和系统环境信息，将日常实践中总结出来的各种分析手段和问题排查模式固化下来，实时自动化进行统计和汇总。即使不能自动发现问题，也可以抽象出更精简的数据，或者通过图形化的方式将各种数据汇总比对，提高分析问题的效率。

对于具体的手段我们还需要有更多的实践和思考。

- 比如将作业执行的各种相关信息和流水记录，实时格式化地导入数据库，接入自定义报表可视化分析系统，便于随时进行各种多维度的统计分析和问题挖掘。
- 比如分析所有作业的执行时间的历史变化趋势，及时监测异常变化的作业。
- 比如按特定链路、特定类型、特定业务组、特定时间段、汇总统计作业的变化趋势。
- 比如按照各种组合条件灵活进行挖掘分析。

统计分析是一方面，更重要的是，在此基础上，可以更好地结合历史数据判断当前业务的健康情况，或者预测将来系统的行为，比如一批任务还需要多长时间、多少资源才能完成。

4. 个人业务视图的改进

在多租户场景下，用户需要看到自己维护的作业，而如果是一个团队共同负责一部分业务，那么还需要看到自己的用户组相关的作业，而作为系统或具体业务组的管理员，则往往需要更大范围内的全局视图。

所以在业务众多的情况下，如何规划好个人业务视图，让各种条件的检索更加快捷方便，也会对平台的效率和易用性产生影响，目前 Jarvis 更多的是提供按需过滤的方式，在全局视图中筛选出个人所关注的业务。这么做功能可以实现，但是操作相对繁杂，尤其是用户在多种角色中切换的时候，这方面的应用形态还需要进一步改进。

此外，业务维度的资源汇总情况，比如每天跑的任务统计、资源消耗、健康程度、变化情况等，也应该更好地按不同维度（个人/业务组/全局等）汇总展示给用户，方便用户随时掌控和调整自身业务。

归根结底，只有用户清晰地掌握了自身业务的状态，才有可能减少犯错，提高工作效率，从而减少需要平台开发者帮助处理的情况。

5. 业务诊断专家系统的改进

目前我们提供了部分作业的错误原因分析，但是对于没有出错的业务的健康度的诊断，或者一批业务失败原因的快速综合诊断能力还不够。

比如某个任务跑得慢，是因为GC，还是因为数据量变化；是因为集群资源不够，还是因为自身业务在某个环节被限流？在各种情况下，用户该如何应对解决，能否自动给出建议？

此外，还要注意是否能够定期自动诊断、及时提醒用户、敦促用户自主优化，避免问题已影响业务正常运行的时候才被关注。

6. 自动测试体系的完善

固定的单元测试对当前 Jarvis 系统在大流量负载、复杂并发场景下潜在的 Bug 的发现还是不够的，需要构建更加自动的随机生成测试用例，以及模拟和再现组件失效模式的测试体系。

这方面要真正实践起来还是有很大难度的。

7．开源

开源严格地说不是一个目标，而是一种手段，是一种用来提高产品质量的有效手段。

但绝对不能像国内多数公司那样做，开源只是开放代码，却没有开放思想。

开放代码很简单，只要你不偷不抢，使用别人的代码也不需要遵守版权协议。但是，光秃秃的代码放在那里，再加一个几百年不更新的README，你以为就叫开源了吗？那不是开源，那是晒代码。

开放思想就难得多了，开源的目的是让大家一起参与，共同提高项目质量，共同受益，既不是单向输出，也不要奢望别人无偿奉献。要做到这一点，维护者得花费大量的精力去维护社区的氛围，包括：

- 解耦项目的公司内部逻辑功能模块，提供替换机制，做到外部真正可用。
- 提供目标需求、场景说明文档、项目计划、Road Map等。
- 提供当前项目架构解析、关键技术说明、常见问题指南、安装使用维护说明等。
- 提供问题反馈途径，及时解答社区问题。
- 代码单元、集成测试手段和代码评审机制。

只有做到这些，才能构建起健康的开源项目环境，才能真正对外输出价值，同时从社区汲取有益的帮助。而要做到这些，花费的精力绝对是巨大的，所以不要指望通过开源来节省自己的精力。

3.3 小结

工作流调度系统作为大数据开发平台的核心组件，涉及的周边系统众多，自身的业务逻辑也很复杂，根据目标定位、场景复杂度和侧重点的不同，市面上存在众多的开源方案。

但也正因为它的重要性和业务环境的高度复杂性，多数有开发能力的公司，还是会二次开发或自研一套甚至多套系统来支撑自身的业务需求，蘑菇街也不例外。

工作流调度系统的具体实现，要做得完善并不容易，而且根据业务环境需求不同，选择怎样的路径并没有固定的套路，我们所走的路、所选择的产品形态未必适合你的场景。

是使用开源产品，还是二次开发，或是完全自研，没有绝对的对错之分，理解用户需求、了解现有产品局限性、评估自研代价和收益价值才是最重要的。当然，没有实践可能也无从评估。所以，如果没有把握，可以找一个目标场景最接近的系统先用着，在实际使用中去发现问题，总结需求，再定制开发自己的系统。

第 4 章 集成开发环境门户建设

这一章主要讨论大数据开发平台的门面，也就是集成开发环境。什么是集成开发环境？顾名思义，就是 IDE。

常见的本地 IDE 开发环境工具，比如 Ecilipse 和 Intellij，相信大家并不陌生，它们基本上就是提供给用户一个可以编写、运行、调试代码的环境。大数据相关业务的开发当然也逃不开这些工作，用户同样需要一个整合的开发环境来和平台进行交互，但作为大数据开发平台的门面，集成开发环境所要做的工作远不止代码管理和调试这点事，本章后续内容会围绕开发环境的功能需求分析详细展开。

回过头来具体讨论名字问题，IDE 这个词毕竟太过普通了，在大厂玩大数据的同学当然不会甘于平凡，所以还得换一个名字。土一点的名字，比如数加平台的开发环境，加上一个限定词叫作 Data IDE，中文名曰“大数据开发套件”。稍微洋气一点的名字，比如 Data Works、大数据工坊，也是数加开发平台体系中常见的名字之一。

严格来说，各种公有云的大数据套件不仅指开发环境，还包括背后的各种存储计算组件，也可以认为是一个整体解决方案。不过，用户才不在乎这些，用户看到的就是门面。

至于开源的 IDE，比如 HUE，大家应该不陌生，其全称“Hadoop User Experience”也是相当直白，然而缩写的名字，相比各种 Data ×××的名字来说，隐隐透着一股清新脱俗的味道。

此外，阿里系面对外部商家的“御膳房”，面对内部用户的“在云端”，以及其他大大小小的分析平台、开发平台等，大抵也是类似的系统。

4.1 集成开发环境的功能定位

你会问，既然是 IDE，那功能定位方面还能有什么奇怪的需求吗，不就是一个代码编辑器嘛！作为一个服务平台，那就是 Web 版的代码编辑器吧？

从狭义的定义来看，的确如此。作为大数据开发平台的用户交互窗口，集成开发环境所提供的主要服务，在用户看来当然就是能够在上面编写代码并运行。就这么点简单的要求，支持起来能有多复杂？

不过可惜的是，简单是从用户的角度来说的。平台开发者的目标当然是让用户需要做的事情越简单越好，但反过来说，用户要做的事情越简单，往往也就意味着系统要承担的工作越多，对上下游流程和周边系统的封装、抽象和简化工作就需要做得越完善。

所以，一个有理想、有追求的集成开发环境，最重要的工作绝对不只是给用户提供一个代码编辑窗口，而是将整个业务开发流程中涉及的各种流程和组件尽可能简单地串联起来，提升用户的开发效率和平台的整体管控能力。

至于用户所看到的能够高亮语法显示的代码编辑器，只是实现这个目标所需要提供的功能之一而已，甚至都不能算是很重要的功能（不是说用户不需要一个好的编辑器，而是说在集成开发环境所需要提供的服务中，编辑器的工作量占比其实很低）。

4.1.1　集成开发环境的整体服务思路

那么，除了代码编辑器，集成开发环境到底需要为用户提供哪些服务呢？

从完整的业务开发流程的角度来说，在理想情况下，集成开发环境所提供的服务，需要贯穿大数据处理链路的全过程，包括数据的采集、计算、管理、查询、展示等环节。但这些环节所需要的各类服务、是否应该深度集成纳入集成开发环境中、支持到什么程度、功能组件如何划分，并没有绝对的标准，不同的集成开发环境都会有自己的定位实现，但目标无疑是让用户能够尽可能简单地用最小的代价完成业务开发，包括后续的业务维护和管理工作。

以 Hue 为例，下图为它的交互界面，可以使用的主要服务组件包括 4 个：用作作业脚本开发的 Editor 编辑器模块、用作数据展示和交互式查询的 Dashboard 数据可视化模块、用作任务管理的 Scheduler 工作流调度模块，以及用作数据 Meta 信息浏览的 Browser 模块。

而阿里云的数加平台，从产品形态上来看，也分为数据集成、数据开发、数据管理和运维中心这几个模块，大致对应了数据的导入/导出、作业脚本的开

发管理、表格元数据信息的编辑查询、权限管理，以及任务的监控、管理、报警等几项内容。

你可能会说，这不是几乎把整个大数据离线开发平台的服务组件都囊括进来了吗？ 确实如此，作为开发平台的门户，终极目标自然是让用户仅通过这个门户就能够顺畅地完成所有工作，无须再通过其他系统后台，或者登录服务器通过命令行的方式与大数据平台的每一个具体组件进行交互。从这个终极目标来说，上面举的两个例子，它们覆盖的内容都远远不够，还没有达到集成开发环境一统天下的最高境界。

当然，集成并不代表没有分工，靠一个大而全的系统完成所有的功能，显然是不现实也不科学的。如本书在讨论大数据平台的整体构建路线方案的过程中提到的：在许多公司包括蘑菇街的大数据平台服务的构建历程中，走的不是一站到底直接构建一个大而全的系统的路，而是针对抽象通用的功能需求，分别构建独立的系统，并通过各个系统的串联配合构建起对具体业务服务场景的支持能力。

而集成开发环境，就是串联各个系统，为用户提供一站式服务的关键所在。所以，其建设水平的高低，体现在各种服务组件融合的顺畅程度上。无缝的服务融合，用户对底层系统的完全无感知，固然是理想目标，但现实情况是，我们不仅要考虑组件的分层结构、大数据平台的既有技术沉淀、服务开发的代价等，还需要在系统的易用性和功能性之间做取舍平衡，也并不是把所有功能都集成到一起就是最好的方案。

因此，具体集成哪些服务、集成到什么程度、如何串联业务流程，也就因时、因事、因公司而异了。以蘑菇街当前的情况为例，代码编辑开发模块是由集成开发环境自身提供的，而任务调度环节在集成开发环境中只是封装了一部分最常用的功能，比如作业的调度时间、依赖关系进行配置等。更加复杂的用户交互和任务管理工作，还是由独立的调度系统后台服务界面来承载的。再比如数据表格的血缘信息，在集成开发环境中，目前也只提供了一个信息的链接索引，将用户引导到对应的独立后台系统中去。

简单来说，我们的思路是先用最小的代价，将业务开发流程中所需的各种操作和信息串联到一起，如果已经有完整的系统支撑相关的服务，那么门户只对这些服务中最常用的功能进行深度定制集成，其余不常用的或交互复杂的功能，通过各种信息交叉索引的方式对各个系统进行串联。

下图是集成开发环境基本交互界面。界面中所展示的功能，绝大部分是和脚本开发逻辑相关的功能，比如脚本编辑、数据表格信息查询、执行日志展示、函数查询、作业目录结构管理、代码测试等，都是由集成开发环境后台直接支持的。而调度等间接相关的服务是通过二次封装一个整合精简版的交互界面，融合在整个交互环境中，至于交互或功能更复杂的服务，如元数据的管理、可视化图表的制作则是通过链接引导到独立的交互后台的。

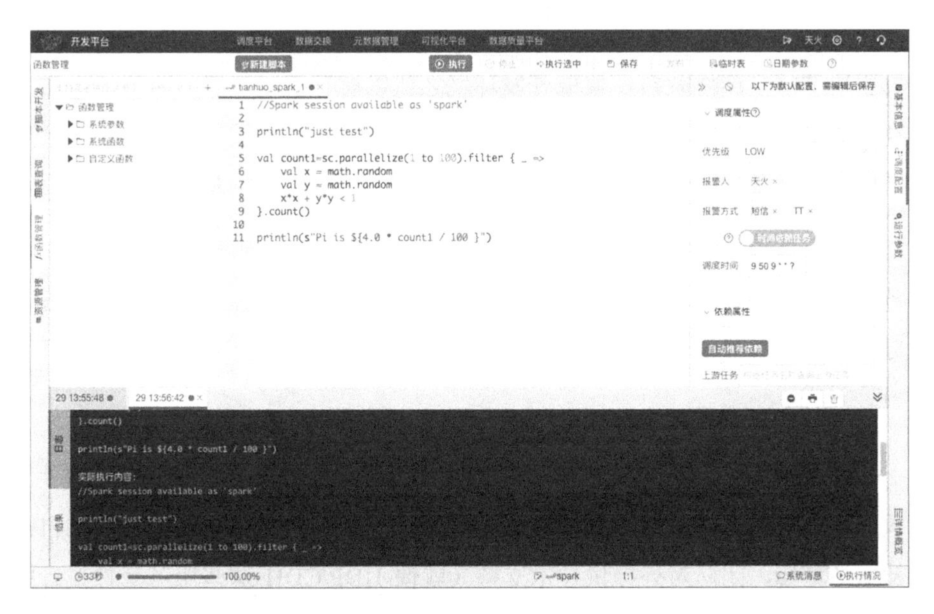

这么做，一方面是因为既有系统的服务后台，没有必要为了深度集成而完全重新开发；另一方面，适度的独立性和局部二次封装的模式，也是一种调和服务的易用性和功能性的有效手段。当然，这也不是蘑菇街集成开发环境的最终目标形态，集成开发环境的具体用户交互形态，还需要结合用户的反馈、业

务的发展及底层服务的演进持续优化改进。

总之，提供一站式服务，站在用户的角度来看，大家都会认同这是集成开发环境的重要目标。但是，它到底为什么重要呢？显然，最终的衡量标准还是体现在其价值收益上。一站式的服务只是一个手段，最终目的是降低用户的学习和使用成本，提高生产效率。

4.1.2 集成开发环境的具体产品建设目标

前文从服务用户的角度讨论了集成开发环境需要提供哪些功能。不过，我们也说了，一站式的服务其实也只是手段，而非最终目标，真正的衡量标准是价值收益。因此，除了通过一站式的服务提高用户的生产效率，在集成开发环境的建设过程中，我们还应该考虑平台的运维成本、系统和数据的安全可靠性，以及所支持的业务的运行稳定性等。

正所谓规模产生效益，集成开发环境之所以有可能取得这些收益，本质上还在于它是一个集中式的平台，不仅仅是一个集中式的开发平台，更是一个集中式的管理平台。通过集中管理各种服务，来降低服务成本，最大化价值收益。

那么具体提供和管理哪些内容，基本上可以归纳为：组件、集群、脚本、任务、数据、用户、权限、流程这八项内容。下面就按这种维度划分，来进一步分析讨论集成开发环境的产品建设目标。

1. 组件

集成开发环境，首当其冲的当然是管理各种存储、计算、查询等服务组件。你固然可以通过 SDK 包或集成发行版之类的方式将组件分发出去，让用户自己搭建服务环境，团队对外提供技术支持（就像 HDP/CDH 这些服务套件发行版那样）。但作为公司内部团队，在理想的情况下，应该提供的是 PaaS 或 SaaS 服务，而非仅仅是 SDK。

而服务组件的管理，也不是简单地把各个服务搭建起来，并在一个入口页面提供各种服务链接。更重要的是服务的整合，各个服务组件的功能，相互之间能否交叉跳转，或者进一步做到信息的融合。比如开发平台的脚本编辑组件能否自动补全表格对象的字段信息？能否将脚本与工作流调度组件中的任务流水关联起来？各个组件的用户、权限等关系能否打通？这些都将影响最终用户的开发使用效率。

2. 集群

集群的统一部署管控，显然是提高工作效率和流程标准化的必要手段。但你可能会说，这项工作似乎更多的是一个运维层面的问题，通过统一部署管理，减少重复建设，提高生产力和资源利用率，这和集成开发环境又有什么关系？

有没有关系，取决于你对大数据平台所设定的服务目标是什么。理论上来说，最理想的情况，当然是做到底层集群的具体信息对用户是透明的。因为一旦用户的业务通过 API 或客户端直连集群，那么集群与业务的耦合性就大大提高了，更重要的是，平台对业务的控制管理能力也就弱了很多。

举一个简单的例子，比如你提供 HDFS 集群给用户使用，用户通过 Hadoop 客户端 API 或命令行上传下载文件。那么业务方就需要知道你的集群地址、集群版本，需要配置正确的环境变量和 Hadoop conf 文件等。而从平台的角度来说，这样一来，有多少业务方使用你的集群、怎么使用、什么时候使用你可能都很难搞清楚。而如果你要变更集群配置，对集群进行升级、迁移、拆分，或者进行流量、权限控制、功能灰度测试等，都会有不小的难度，因为你的业务方的业务流程、逻辑等与集群的耦合太强了。

如何解决这种问题呢？不外乎两种方案，一是可以通过提供定制的客户端 Jar 包来封装集群交互逻辑，或者通过改造服务端的接口增加各种监控管理调控手段来解决上述问题。二是可以通过代理的方式来解决，比如在上述示例中，以 Rest 接口的形式提供对象存储服务来屏蔽底层的集群。第二种方式如果做得彻底一点，那最好是连这个接口都和集成开发环境的服务融合，用户只看到服务看不到接口。这两种方案也没有对错之分，具体哪种方案更合理，当然需要具体情况具体讨论了。

上述例子只是起到一个抛砖引玉的作用，总体来说，对集群的统一管控，不仅仅是从集群运维的角度出发，提高部署的效率和安全稳定性，也需要从业务流程的角度出发，尽可能对上层应用屏蔽底层集群细节，降低业务耦合度，给集群运维管控留出足够的腾挪空间，进而间接提升系统和业务的灵活性、容错性和可靠性。

3. 脚本

管理脚本，这个很好理解，毕竟集成开发环境的代码编辑功能是大家都清楚的。

那么，管理脚本是不是就是为用户提供集中式的脚本编辑、储存和运行环境呢？这的确很重要，毕竟，用户如果自己管理和存储脚本，在运行的时候才提交给底层集群和计算组件，那么对平台上日常运行的业务的维护将会是一个很大的挑战。想想看，如果公司的代码没有统一的代码仓库进行管理，大家自己玩自己的，那会是一个什么样的情况……

但脚本统一存储管理的收益远不止于此，从平台的角度来说，除了便于业务的长期维护，还应该能带来更多、更重要的附加收益。

因为所谓的作业脚本，其实就是业务逻辑，如果你能对脚本进行适度的解析工作，那么在大数据平台上所运行的业务，对平台自身来说就不再是一个黑盒了，管控了脚本，也就有了管控业务逻辑的可能性。这也是为什么通常会希望将各种计算框架的开发方式尽可能 SQL 化、脚本化的重要原因之一。举例来说，可以通过代码扫描，来监控代码质量，落实业务规范；也可以通过解析脚本，来自动建立数据和业务之间的血缘依赖关系；还可以通过集中扫描分析，为系统升级做好脚本的兼容性评估工作；甚至可以通过对脚本内容的改写替换，来实现对业务逻辑行为的监管调控。

总之，掌握了脚本就掌握了业务，在集成开发环境下，脚本管理能力的建设，在考虑如何为用户的开发流程提供便利功能的同时，也应该适当考虑如何借助集中管理的便利，挖掘创造出更大的价值，否则真的是浪费了这一有利条件。

4. 任务

脚本和任务这两者的管理，基本上可以说是密不可分的，毕竟所谓的任务也就是静态脚本被赋予了一个动态执行概念而已。

所以任务的管理，一方面是管理任务自身的动态执行过程，另一方面则是管理脚本和任务之间的映射关系。

任务自身的动态执行过程的管理，多数的功能最终还是通过调度系统组件来承担，涉及的内容在后面的章节中做了详细阐述，这里就不再重复，而脚本和任务之间的映射关系，则多半要靠集成开发环境自身来管理。

管理什么呢？简单地说，就是要让脚本的编辑管理和任务的生命周期尽可能地无缝对接。比如作业脚本如何提交成为线上任务；线下脚本发生了增、删、改，线上任务的版本是否同步及如何同步？脚本的开发测试过程能否隔离对线上任务的影响，从任务执行流水中能否快速反向定位到对应的脚本等。这些工作，大家或多或少都会做一些，关键是整体的完善程度和自动化程度。

5. 数据

数据的管理，是不是先搭建好各种数据存储系统，保证数据的安全可靠，然后提供各种计算、查询服务让用户去使用这些数据呢？应该说，这些工作都要做，不过更多的是通过集群/组件的管理去支持。

从集成开发环境的角度来说，数据的管理更多的指元数据的管理。那么什么是元数据？说实话，业界也没有严格标准的定义，常见的表述是“描述数据的数据”，这只是对 MetaData 的一个狭义解释。从广义的定义来说，你基本可以认为，除去业务逻辑直接读写处理的那些业务数据，其他所有用来维持整个系统运转所需的信息、数据都可以叫作元数据信息。比如数据表格的 Schema 信息，任务的血缘关系，用户和脚本、任务的权限映射关系等。

你可能会说，把数据管理的范围定义得这么宽泛，固然滴水不漏，可是对指导集成开发环境的建设工作又有什么实际意义呢？确实如此，所以除了数据管理的对象，我们还需要进一步明确数据管理的目标：让用户更高效地挖掘和使用数据，不是从计算效率的角度，而是从数据业务开发和管理效率的角度。

比如管理表格的 Schema 信息或维度指标信息，是为了让用户更好地检索和理解数据所承载的业务信息；管理任务的血缘关系，是为了帮助用户理顺数据的来源去向，更好地分析和开发业务。简单来说，只要对提高业务开发效率和质量有帮助的数据，都可以成为优先管理的对象。

因此，集成开发环境在这方面的建设目标，也就是围绕着对这些元数据信息的收集、查询、管理和应用流程的完善和改进来进行的，通过对数据管理能力的提升，来提高平台管理和用户开发的效率。

6. 用户

用户的管理，最直观地说，当然就是对用户登录账号的管理。

从开发平台的角度来说，就是要打通各个底层系统服务组件之间的用户账号体系。依靠各个组件自身维护一套账号登录体系显然是不现实的，管理不方便，用户体验也很差，这也往往是各种第三方系统难以无缝地集成到开发平台中的一个重要原因。为了解决这个问题，大家通常都会采用一套统一的登录认证体系，比如可以用 LDAP 对用户账号和群组进行统一管理。蘑菇街平台的用户账号体系也是通过公司统一的用户登录服务接口进行管理认证的。

要使用自定义的用户登录认证体系，当然就需要相关的系统主动进行对接。开发平台的各类用户服务，比如集成开发环境和任务调度、数据交换、数据可视化等各种服务系统，完全由自己掌控，那么显然是可以和统一登录服务进行定制对接的。但是各种集群组件服务往往不能这么做，开源的大数据组件和服务通常自身都会有一套独立的账号管理方式。所以，需要解决的问题是：如何对接开发平台服务和底层组件、集群之间的用户账号体系。是通过账号映射、账号同步，还是使用 Gateway 服务网关代理？对于具体的服务身份、账号的分配管理，是大家统一遵守约定，还是定制提供特权账号？总之，需要考虑在各种环境和场景下，具体采用哪种方式来对接各类业务和服务的用户账号体系。

此外，用户账号的管理并不只是对用户个人身份的映射这么简单，用户登录的账号身份和底层集群服务执行时的账户身份，两者之间也未必是一一映射的，出于权限管控、业务共享、安全隔离等因素的考虑，还可能需要处理群组角色映射、用户身份代理等方面的问题。

而且，用户往往不是作为一个个体孤立存在的，而是以业务团队的形式组织起来的，这时候还需要考虑如何管理用户的业务组归属、如何组织用户的层级体系关系、如何让一个业务组的管理员自主管理组内的成员？

管理用户的最终目标是什么？很重要的一个目标当然是对权限的分配管控。上述工作，一定程度上都是为了让权限的管理能够更加清晰、合理、高效，但这并不是唯一目标。另外一个很重要的目标，是在一个集中式的服务平台上，通过用户和业务体系的管理，为用户隔离出一个相对独立的业务环境，理想的情况是让用户能且只能接触到与自己工作相关的那部分业务，降低用户的使用成本和租户之间的相互干扰。所以如何规划多租户的产品交互形态，为用户提供一个既能统观大局，又能屏蔽干扰，关注自身业务的开发环境，往往是开发者在整个集成开发环境产品的设计过程中需要重点考虑的内容。

7. 权限

权限的管控，历来是大数据平台中最让人头疼的问题之一。管控严格了，业务不流畅，用户不开心；管控宽松了，安全没有保障，出了问题谁负责？而且大数据平台组件服务众多，架构、流程复杂，就是你想管，有时候也管不了。

涉及具体的技术方案层面，如 Kerberos、LDAP、Sentry、Ranger、Quota、ACL，包括各个组件自身的权限管控方案，这些话题不是一小节的篇幅能够覆盖的，所以，我们也不打算在这里详细讨论各种技术方案，后面会有完整的章节进行讨论。

在这里，先重点谈一下权限管控的目标。对多数公司来说，其实只需要做到防君子不防小人就好了。此话怎讲？大家都知道，权限管控有两个步骤：认证（Authentication）和授权（Authorization）。前者鉴定身份，后者根据身份赋予权限。

针对授权这个环节，大致的工作包括：如何对权限点进行集中统一的管理；如何让用户自主申请权限；如何把权限的管理工作交给具体的业务负责人，而不是平台管理员；如何在不同的组件之间、不同的用户之间打通权限关系。这些工作，在当前复杂的大数据生态环境中已经够多数团队忙一阵子了。

至于用户身份鉴定这个环节，比如 Kerberos 这种方案，蘑菇街并没有采用。原因很简单，覆盖面不全，应用代价太高，收益不明显。对于用户身份的鉴定，如果主要目标是防止无意的误操作，而非蓄意的身份伪造，有很多种代价更低的用户认证方式能达到这个目标。

所以，权限的管控，做多少、怎么做、花多少代价，取决于目标出发点。蘑菇街集成开发环境的权限管控目标，是对用户常规的业务行为范围进行限定。敏感数据的控制固然是一方面，但更重要的是对业务逻辑和流程的约束，通过减少用户不必要的权限，减小受害面，降低可能的业务风险，同时也便于明确业务的权责归属关系。

从长远来说，在用户身份鉴定这个环节，我们可能也更倾向于通过开发平台的服务来封装底层的各种大数据组件，减少用户和集群组件之间的直接交互渠道，在开发平台这一层面统一进行与具体组件无关的用户身份鉴定，而不是 Kerberos 这种在所有组件的客户端和服务端都需要深度介入的方案。

8. 流程

追求自由是人的天性。集成开发平台的服务目标之一就是尽可能地为用户提供便利，降低门槛，提供工具让用户能够自由自主地完成各项查询、开发乃至管理工作。

然而，就像权限管理一样，适度的权限控制是为了让用户在使用平台服务的过程中更加放心大胆。而适度的流程控制，也是为了划定行为边界，有约束的自由才是真的自由。

举个例子，任何人都拥有提交线上任务的权利和自由。但是我们可以要求线上的脚本任务，必须遵守脚本语法规则的约定；在任务修改后，需要完成测试工作才能发布；核心任务变更，需要业务线负责人评审等。这些流程约束，依靠开发人员的自觉显然是不够的。要保证流程的严格执行，就需要把它内建到集成开发环境的服务中去，通过工具来保证流程的实施。

需要注意的是，管理流程不仅是为了约束不合理的行为控制风险，它的最终目的还是提升平台的整体工作效率，降低风险只是其中一个角度。其他有助于提升效率的行为，也可以通过流程来进行约束、推荐、管理，比如有助于提升开发效率的最佳实践、有助于确保协同工作的规范和约定、有利于降低沟通成本的业务信息的完善等。

集成开发环境本质上就是一个黏合剂，增益各组件之所不能，固然是它作为开发平台门户的价值所在。但是通过流程的建设和管理，在复杂的开发环境中为用户指出一条明确的路径也是必不可少的。没有规矩，不成方圆，扔给用户一大堆系统、服务和功能选项，所有的行为都由用户自行抉择，充分的自由真的能带来最大的收益，还是更混乱？自由意味着责任，责任意味着约束，规则固然是用来打破的，但是对于多数用户来说，打破规则的结果未必是他们想要的。适当的流程约束有时候也是降低用户学习成本和开发负担的一种有效手段。

4.1.3 集成开发环境小结

这一节的内容，更多的是讨论需求、目标和原则，而非具体方法，因为集成开发环境的建设涵盖了整个数据平台的方方面面。可以做的事情很多，应该做的事情则因各个公司具体的目标和阶段而异，所以正确的做事方式也未必只有一种，条条大路通罗马，但总体目标还是有迹可循的。总之，要做好集成开发环境，不仅要从系统的视角考虑问题，更要从业务的视角考虑问题。

4.2 开发平台测试环境建设

作为程序员，代码测试的重要性显然不用多强调。就算单元回归测试这种以代码覆盖率为目标的测试用例你可以偷懒不写，正常代码流程的正确性调试工作你显然还是会做的吧，毕竟多数人写代码不可能做到一步到位，总是需要一个纠错的过程。再加上对生产环境的安全隔离，所以测试环境的建设也是大数据开发平台的一个重要组成部分。

4.2.1 问题背景

要测试代码，自然就需要有一个可供测试的环境。如果你只做过单机程序的开发，你可能会说，这有什么难的？一个 IDE 就搞定了，还需要建设什么环境？

事实上，如果你的代码不涉及和其他外部组件的交互行为，这件事确实不难，但是对于一个由分布式的服务构建起来的系统来说，就没那么简单了。

在一个服务化的系统中，一个服务的正常运行可能依赖于众多外部上下游服务的存在，换句话说，你是无法单独测试自己的程序的。虽然你可能可以通过 Mock 部分组件依赖的方式来完成一些测试工作，但完整的端到端测试工作始终是无法绝对避免的。所以，除非你真的勇敢到在生产环境下在线测试你的代码，否则，建设一个线下开发测试用的环境也就不可避免了。

对于大数据平台的测试环境建设来说，问题还要更加复杂一些，因为光搭建服务本身往往是不够的，还需要准备数据。以 Hive 脚本开发为例，不仅要测试 Hive 脚本语法的正确性，还需要验证业务逻辑的正确性。业务逻辑的正确性，在没有真实数据的情况下，有时候是很难验证的，而其他如性能测试之类的工作就更依赖于数据了。

对于数据量小的系统来说，伪造一份数据或复制一份线上数据到线下测试环境就可以了。但对于大数据平台来说，一方面数据依赖关系往往很复杂，正确地伪造出一份满足业务逻辑需求的数据基本不太现实；另一方面，完整地复制线上数据到线下环境也不现实，因为数据量太大了。比如，你的线上生产集群拥有 500 个节点的机器，你不太可能为了测试，也给线下测试集群配置 500 台机器，把数据全部复制一份。

所以，上下游依赖和数据规模问题，是制约大数据测试环境建设的难点所在。

4.2.2　系统功能性测试环境

对于系统功能性测试来说，比如集成开发平台的交互改进，以及各种服务后台的功能拓展等，搭建一个独立的线下环境，没有数据或者使用少量虚拟的数据，多数情况下也是可以满足需求的，但这往往需要你的上下游服务也共同参与测试环境的建设。所以，它往往不是单个团队就能独立完成的，是一个需要从公司层面整体考虑的工作。基本上，开发体系结构相对比较成熟的公司，都会建设起这样一套测试环境。

对于这种全局范围的线下测试环境建设来说，很关键的一个要求是保障测试环境与线上生产环境的安全隔离。也就是说，在测试环境中运行的服务不能污染线上生产环境的正常工作。要做到这一点，单纯依靠每个系统开发者的自觉和努力很显然是不靠谱的，万一哪个配置文件忘了修改，一不小心把线上的数据破坏了怎么办？所以，通常都会在底层网络层面对线下测试环境和线上生产环境进行物理隔离。有时候，也可能保留少量的生产环境到线下环境的单向通道，进行必要的数据传输工作。

此外，要保障整体流程的规范化，这种测试环境的建设工作通常还需要和发布部署服务一同开发，便于开发团队在线下测试环境和线上生产环境中部署服务。否则，线下测试环境很难持续保证服务的完整性和变更的及时性，如果做不到及时和完整，那么线下测试环境最后就可能不可用，陷入无人问津的尴尬境地。

4.2.3 数据业务类测试环境

而对于数据业务开发来说，如何更安全地进行测试，就需要再动动脑筋了。如前所述，这并不那么简单，实际上，蘑菇街的数据处理链路的众多环节，在之前很长一段时间内，有不少是依靠人工修改程序代码、配置文件或局部复制数据的方式，依托线上环境进行调试工作的，就是因为线下测试环境缺乏必要的数据可供调试。

那么，数据问题应该如何解决呢？业界常见的做法包括采样和分流。

1. 数据采样和分流的方案

所谓采样，顾名思义，就是只将线上生产环境中的部分数据同步到线下开发测试环境中，目的当然是减少对测试环境的存储和计算资源的需求。至于如何采样，是基于时间同步一小段时间范围，比如 3~5 天的数据；还是基于业务信息，比如根据表格主键 ID，同步部分主键的数据，就取决于下游任务脚本和开发测试的实际需求了。

基于时间片段采样的方案，实现起来相对容易一些，对于一些数据格式相对稳定的业务来说也能解决一大部分问题。但对于一些无法简单用日期增量划分的数据，比如一些全量更新的表格，或者脚本逻辑对时间日期有显示依赖和关联的情况，就很难处理了，比如统计业务时间变化趋势的任务。此外，如果是数据依赖关联复杂的业务，所依赖的众多数据表格中一旦有部分数据发生变更，可能就需要对所有数据进行再次同步。

基于业务信息采样的方案，则有助于解决全量表等无法根据日期和时间信息进行采样的问题，对于日期相关类统计也能较好地支持。但它的难度在于合理的采样方式有时很难确定，因为不同脚本的逻辑可能对同一份数据有不同的要求。从系统的层面来说，有时候也很难或者不可能判断采样后的数据是否会对任务脚本逻辑的正确性产生影响。此外，需要定期同步更新数据的问题对于基于业务信息采样的方案同样存在。

讲完采样方案再来看看分流方案，本书所说的分流，指的是从数据的源头开始，复制部分流量写入测试环境中，下游的任务根据这部分流量数据完成全链路的计算处理工作。理论上这和基于业务信息的采样很类似。不过，在本文的描述语境中，前者指的是全体数据的采样，不管是业务系统原生的，还是数据处理链路加工生成的，你可以理解为数据快照的一个子集。而后者则只镜像部分源头数据，通过完整的数据业务链路来计算并生成后续数据。

分流的方案其实更加困难，因为你需要保证数据处理链路甚至业务服务链路，在测试环境中和线上环境是完全一致且能正常工作的，整条链路的处理结果也不能因为数据的不完整性而出现问题。这在一个为测试开发而存在的环境中，简直就是一个不可能的任务。那我们为什么还要提这种方案呢？因为流量镜像分流有时候也是系统负载压测的一种手段，在某些场景下，如果你的压测系统建设很完善，它和测试环境的建设多少有些可以复用的地方。

不论哪种方案，在测试过程中还要面临一个很大的问题，就是测试环境中的数据也可能被改写和破坏，毕竟不可能所有的测试任务都是只读型统计任务，多半还是会输出和修改下游数据内容的，有些任务还可能更新自身表格数据。所以，如果你需要保证每次测试时所依赖的数据都恢复到测试之前的状态，势必就需要不断地重新从线上环境同步数据，这显然也不是一个很理想的解决方案。

2. 直接使用线上环境进行测试的方案

从前文的分析来看，通过数据采样同步分流等方案构建的测试环境，如何和线上业务环境保持一致是最棘手的问题。那么，既然这么麻烦，为什么我们不能直接在线上环境进行任务脚本的开发测试工作呢？唯一的理由，当然是为了保障线上生产环境的稳定性和正确性。

幸运的是，数据业务类任务的测试和功能类服务的测试的不同点在于，它本身并不提供服务。所以，稳定性和正确性的要求可以进一步推导为两点需求：

- 第一是数据的安全隔离，测试任务不能够污染线上数据。
- 第二是资源的隔离，测试任务不能影响线上任务的正常运行。

所以，如果在线上生产环境中进行测试时，我们能满足这两点需求，那为什么一定不能用生产环境进行测试呢？ 事实上，当我们没有在平台层面为开发人员建设和提供合适的测试环境的时候，开发人员不管是通过修改任务代码配置还是复制部分数据来测试运行任务，本质上，也是通过人为的努力来满足上述两点需求。那么我们有没有可能通过平台的服务，让系统自动完成相关工作呢？

要达成这个目标并不容易，但对于部分系统来说，方案是可行的。下面简单介绍一下蘑菇街在 Hive 开发测试环境中所采用的方案。

为什么是 Hive 呢？因为 Hive 任务在蘑菇街的数仓类离线批处理业务中还是占据了不小的比例的。而 Hive 任务的逻辑是以脚本的形式存在，我们在前面的章节中也提到了，通过统一的集成开发平台的管控，开发平台是可以对其进行解析和管理的。

所以，我们的做法是明确提供 Hive 脚本的测试运行功能，当一个 Hive 脚本以测试的模式运行时，开发平台会对其读写的表格来源进行解析和替换，对于读取的表格保留原始来源，而对于写入的表格，则对其库名前缀进行替换，换句话说，就是改写其输出位置。

这么做的好处是我们无须对数据进行同步复制的工作，任何时候都能保证测试任务可以获取到线上的最新数据。而写入的数据也不会污染线上生产环境的数据，必要的时候，还能够和线上数据方便地进行比对校验，通过标准化各种替换逻辑，还能够将大部分流程对用户透明地自动化进行。

下图是 Hive 脚本测试功能的用户交互和配置界面之一，大致展示了表名替换、常用规则标准化、与开发平台流程整合、结果自动校验等内容。

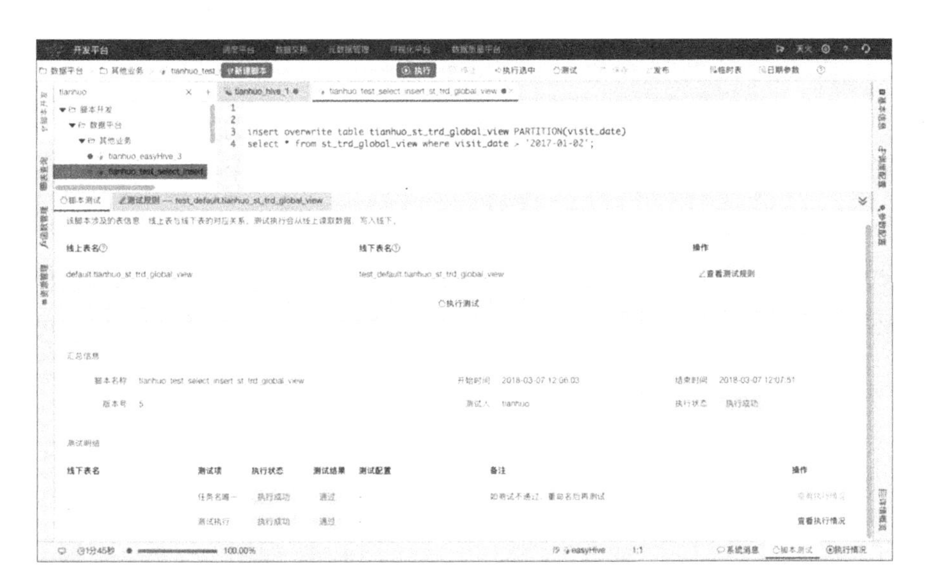

基本原理是这样的，在实际实现中还有很多细节要考虑，比如：对于任务上下游有数据依赖关系的场景，我们也允许用户测试脚本时，指定替换读取表格的来源到上游被替换的表格；对于测试过程写出去的数据，需要定期进行清理；对于测试库中的数据也要保证用户权限关系的正确性；在开发链路的整体环节中，最好让测试生成的数据表格对用户透明不可见，但必要的时候也要提供显示查询这些数据的手段，以方便排查问题等。

上述内容主要针对前面提到的数据安全隔离问题，对于资源隔离问题，我们主要依托任务调度系统的多租户支持和任务队列的流控能力，将测试任务单独放到一个队列中进行资源管控，从而保障线上生产环境中正常任务的运行资源。

总体来说，这种方案的整体代价成本远低于通过数据同步独立建设测试集群的代价，但前提是你具备对任务脚本进行逻辑替换的能力。它的稳定性和可靠性也要好很多，加上基本没有什么人为搬运和维护测试数据的成本代价，所以也更有利于长期稳定实施。

4.2.4 测试环境建设小结

不论独立的测试环境方案还是基于线上环境进行测试的方案，都不是万能的。在实际情况下，为了满足功能性测试和数据业务逻辑类测试的需求，需要混合两种方案来实施开发环境的建设工作。蘑菇街大数据开发平台的测试环境建设工作，也有很长的路要走。如何将测试和集成开发环境的开发流程更加高效无缝地整合在一起，降低用户的开发成本，提升系统和业务的稳定性和可靠性，是一个需要持续思考和改进的过程。

第 5 章

数据采集、传输、交换、同步服务

如果大数据平台没有数据只有平台，显然就是无源之水，平台组件自身做得再好也是屠龙之技，并没有任何实际用途。所以，数据对于大数据平台来说至关重要。

在多数现实环境中，大数据平台自身只是加工和存储数据，并不生产数据。它的数据可能来自于各种上游业务的产出，比如日志和DB。而经过加工的数据，可能也并不全是通过大数据平台的各类系统直接服务终端用户的，而是需要导出给其他业务系统来完成相关服务工作。

所以对于大数据平台来说，数据的采集、传输、清洗、同步等服务和流程的建设也是整体平台建设的一个重要组成部分。

此外，如何处理数据，从中发现有价值的信息，有时候不仅仅是计算环节才开始考虑的问题，从数据的生产阶段就需要着手考虑。以互联网类业务为例，用户行为的分析，从用户行为日志的埋点和采集阶段就需要加以规划。

综上所述，本章将围绕两方面的内容展开，首先介绍和分析大数据平台的数据采集、传输、同步服务框架方案，然后结合蘑菇街的实践，讨论用户行为日志埋点和链路跟踪方案。

5.1 数据交换服务场景和常见开源方案

什么是数据交换服务？顾名思义，就是在不同的系统之间传输和同步数据。根据具体业务目标和应用场景的不同，各种数据交换服务框架的功能侧重点往往也不同，因而大家也会用各种大同小异的名称来称呼这类服务，比如数据传输服务、数据采集服务、数据同步服务等。

至于大数据开发平台的数据交换服务，加上了限定词，那当然是进一步把业务的范围限定在和数据平台业务相关的一些组件和应用场景之下了。

5.1.1 大数据平台数据交换服务业务场景

讨论场景之前，先来看一下数据传输、同步的目的，为什么我们需要在不同的系统之间进行数据的交换？

从大数据开发平台的角度来说，很显然，是因为我们通常不能直接对线上业务系统所存储或生成的数据进行各种运算或检索处理，组件技术架构是一方面原因，业务安全性隔离是另一方面原因。

所以，我们就需要把这些数据采集到开发平台的各种存储计算组件中进行加工处理，这个过程也就是所谓的 ETL 过程。

然后，在开发平台中处理完毕的数据，有时候也并不能或不适合在大数据开发平台的相关服务中直接使用，需要反馈回线上的业务系统中，这个过程我们称为数据的回写或导出。

最后，即使在大数据开发平台自身的各种存储、计算、查询服务组件之间，因为架构方案、读写方式、业务需求的不同，也可能存在数据的传输同步需求。

从上述三类应用场景我们可以看到，通常我们所说的大数据开发平台环境下的数据同步服务，主要处理的是不同系统组件之间的数据导入/导出工作。比如将 DB 的数据采集到 Hive 中，将 Hive 中的数据导出给 HBase 之类。也就是说，输入和输出的数据源是异构的，数据同步的目的是让数据可以适配业务的需求，在不同的系统中用各自擅长的方式运转起来。

除此之外，还有一种出于数据备份或负载均衡的目的而存在的数据交换场景。比如 DB 的主从同步，HBase 集群的 Replication 备份等，它们的输入/输出数据源往往是同构的。在这类场景下，具体的同步方案和流程通常和系统自身的健康、功能逻辑、服务诉求等有着较强的关联性，所以往往对应的系统会自带同步方案实现，属于系统自身功能实现的一部分，比如 MySQL 的 Binlog 主从同步复制机制。这类特定系统自带的数据交换传输架构方案实现，不在本文讨论的范围内。

业务范围明确了，我们来看看在这种业务场景下，需要处理的数据源可能都有哪些。简单地进行分类，常见的数据源大致可以分为以下几种。

- 关系型数据库类：比如 MySQL、Oracle、SQLServer、PostgreSQL 等。
- 文件类：比如 log、CSV、Excel 等各种传统单机文件。
- 消息队列类：比如 kafka 和各种 MQ。
- 各种大数据相关组件：比如 HDFS、Hive、HBase、ES、Cassandra。
- 其他网络接口或服务类：比如 FTP、HTTP、Socket 等。

5.1.2　常见数据交换服务解决方案介绍

如上所述，数据交换服务可能涉及的外部系统多种多样，实际上，但凡能存储或产生数据的系统，都可能成为数据同步服务的数据源。因此，也不难想象，市面上一定存在众多的解决方案。

这些各式各样的数据交换服务方案，在不同的业务场景中，无论整体功能定位还是业务覆盖范围都可能千差万别。即使某些方案的业务定位类似，在具体的功能实现方面，大家关注的重点也可能有所区别。此外，部分系统在设计的时候，为了保证易用性，或者提供一站式的解决方案，其架构和具体的功能逻辑与上下游系统可能还有一定的业务关联性，再加上程序员又喜欢用各种开发语言来折腾一遍，如 Python、Java、Ruby、Go，所以，这类服务系统的解决方案想不多也很难啊。

那么常见的解决方案都有哪些呢？

1. 以关系型数据库为主要处理对象的系统

1）Tungsten-replicator

Tungsten-replicator 是 Continuent 公司开发的两个相关联的数据库运维管理的工具产品套件中的一个，负责 Oracle 和 MySQL 数据库之间的数据复制同步工作，以及将数据导出到 Redshift 和 Vertica 等数据库中，也包括导出到 Hadoop 环境。

Continuent 的另一个产品是 Tungsten-clustering，为 MySQL 等数据库提供拓扑逻辑管理、灾备、数据恢复、高可用等功能，很显然，这些功能在很大程度上是和 Replicator 结合起来使用的。

蘑菇街大数据团队并没有真正使用过 Tungsten 的产品，只是在架构和代码方面有过一些调研了解，总体感觉，作为商业解决方案，其架构完善但相对复杂，一些业务流程方案是定制化的。对关系型数据库自身的数据同步和管理及稳定性应该是它的强项，但是如果想把它作为一个开放的通用数据同步服务系统来使用，接入的成本可能有点高。

2）Canal 和 Otter

Canal 是阿里开源的 MySQL 增量数据同步工具，Otter 则是构建在 Canal 之上的数据库远程同步管理工具。两者结合起来使用，其产品的功能形态和目标范畴大致和 Tungsten-replicator 差不多。

和 Tungsten 类似，Canal 也是基于 MySQL 的 Binlog 机制来获取增量数据的，通过伪装 MySQL 的 Slave，从主节点获取 Binlog 记录，并解析出增量数据。

以上两种方案是多数公司接入 MySQL Binlog 时最常见的选择，毕竟 MySQL Binlog 的格式解析模块也是一个相对专业化的格式逆向工程，即使不直接使用这两种方案，大家也会借用这两种方案中的 Binlog Parser 相关代码来做二次开发。

Canal 的主要优点是流程架构都比较简单，部署起来并不太难，额外做一些配置管理方面的开发改造工作，就可以相对自动化地运转起来。不过，Canal 的主要问题是 Server 和 Client 之间是一对一的消费，不太适用于需要多消费和数据分发的场景。

蘑菇街之前既有对 Canal 简单的封装应用，也有在借用 Canal 的 Binlog Parser 相关代码的基础上，自行开发的 DB 增量数据分发系统。

3）阿里的 DRC/精卫等

按阿里官方的说法，DRC 定位于支持异构数据库实时同步，数据记录变更订阅服务。为跨域实时同步、实时增量分发、异地双活、分布式数据库等场景提供产品级的解决方案。

其实精卫也是类似的产品，只不过是由不同的团队开发的，除了这两者，阿里内部可能还有过其他大大小小类似的产品，最终大概都整合合并了。

从定位说明就可以看到，很明显，除了点对点同步，DRC 还需要支持一对多的消费和灵活的消费链路串联。对性能、顺序一致性等方面的要求也可能会因此而变得更加复杂（未必更难实现或要求更苛刻，但是可能有更多不同角度的功能需求），比如，可能需要支持有限时间段内的回溯，以及精确定位消费能力等。

DRC 相关系统，阿里并没有开源，不过蘑菇街之前和阿里的同学有过一些简单交流，我们也从中了解和学习了一些产品设计和架构方面的思想。

蘑菇街的 DB 增量数据分发系统 Pigeon 的第一版，就是在 Canal 的 Binlog 解析代码模块基础上，参照 DRC 的部分思想进行开发的。大致的方案是将前端的 Parser 对接到消息队列上，让消息队列来承担消息持久化和分发的工作，并在 Server 层面辅以服务节点和消费链路的动态管理、负载均衡等功能，再加上数据的过滤、转换和分发模块的开发，以及策略的管理、消费端 SDK 的封装等工作，形成一套完整的 DB 增量数据分发解决方案。

2. 以日志或消息队列为主要业务对象的系统

这类系统一开始可能是以日志查询为主要业务场景，其中与数据同步服务相关的组件，有些是独立的组件，有些则是一整套采集、计算、展示等完整的业务方案中的一部分。不过随着架构不断地发展和成熟，有些系统也不仅仅是定位于处理日志类业务场景，而是开始向通用数据采集传输服务的角色靠近。

1）Flume

Flume 现在大家使用较多的是 Flume-NG 这个经过改造的版本，它的定位是离线日志的采集、聚合和传输。Flume 的特点是在聚合传输这方面花了比较多的力气，特别是早期的版本，需要配置各种节点角色，如下图所示，在 Flume-NG 版本的设计中，其拓扑逻辑已经简化成只有 Agent 一个单一角色了。

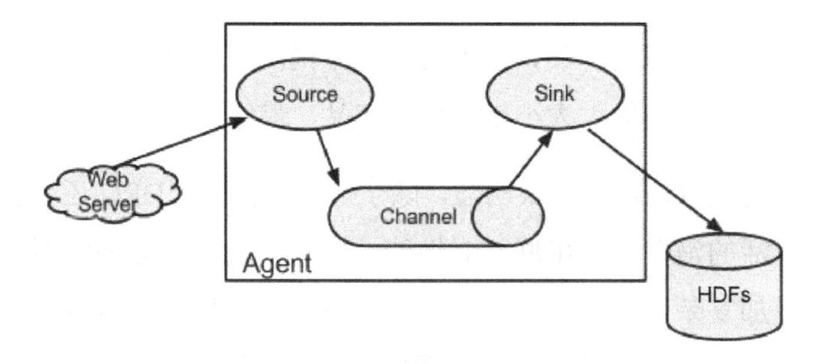

Flume 通过 Agent 的串联可以构建出复杂的数据传输链路，此外还通过事务机制的设计来确保传输链路的可靠性。不过，个人觉得，由于 Kafka 等通用消息队列地广泛使用，Flume 在聚合、传输这方面的作用，在一些场景下其实是可以通过其他方式来实现和弱化的。

蘑菇街的日志链路中也没有使用 Flume，而是采用自主研发的 Log Agent 采集器直接对接 Kafka。

2）LogStash

LogStash 是著名的 ELK 套件中的一个组件，负责日志采集和转换，此外 ElasticSearch 负责日志的存储和检索，Kibana 负责查询结果的可视化展现。

从设计上来看，LogStash 在数据传输和链路串联方面的考量就简单了很多，它的重点放在了数据的转换处理上。所以它在过滤器、编解码器等环节下了很多的功夫，比如支持使用 grok 脚本来做过滤器逻辑的开发，在内部链路上还有各种 buffer 缓存设计，用来支持数据的合并、转换、条件触发输出等功能。

应该说从数据转换处理的角度来看，LogStash 的设计已经足够灵活和完备了。不过，它的主体实现语言是 Ruby，所以 Java 系的同学要深度实践和二次开发等，还是要花一些代价的。

3）Camus

Camus 严格来说算不上一个完整的框架，它是 Linkedin 开发的先基于 Kafka 消息队列消费 Topic 信息，然后批量写入 HDFs 的一个工具。Linkedin 把自家的 Kafka 也算用到了极致，各种数据处理链路，但凡能依托 Kafka 实现的，大概都不会考虑其他的实现方式。Camus 虽然不是通用数据同步服务框架，不过用它配合 Kafka 来做日志采集工作的人也不少，蘑菇街之前也有部分日志是通过 Camus 来采集的。

Camus 的整体架构方案，基本上就是一个用 MapReduce 任务实现的批量从 Kafka 读取数据并写入 HDFs 的应用，此外 Camus 自身维护了 Kafka 中各个 Topic 的消费进度，用它来做日志采集工作的进度管理。如果在此基础上稍微做一些任务管理方面的二次适配开发工作，把 Camus 作为一个简单的日志采集服务框架，基本还是可行的。不过，它的缺点主要是对 Topic 进行定制化的处理比较困难，虽然也提供了一些流程 Hook 的接口，但是毕竟整体架构过于简单，对数据进行一些稍微复杂的或 Topic 级别的过滤转换工作，就有点力不从心了。

3. 一些偏通用的数据同步解决方案

1）Sqoop

Sqoop 大家应该也不陌生，也有不少公司使用 Sqoop 来构建自己的大数据平台数据采集同步方案。从一开始，Sqoop 就几乎完全定位于大数据平台的数据采集业务，整体框架以 Hadoop 为核心，包括任务的分布执行等多半是依托 MapReduce 任务来实现的。数据同步的工作，也是以任务的方式提交给 Server 来执行，以服务的形式对外提供业务支持。

Sqoop 的处理流程，定制化程度比较高，主要通过参数配置的方式来调整组件行为，在用户自定义逻辑和业务链路流程方面能力比较弱。另外，依托于 MapReduce 来处理大多数任务的处理方式，使它在功能拓展方面也有一些约束和局限。此外，Sqoop 在各种数据源的输入/输出实现部分，稳定性和工程实现细节方面也仅仅是可用，算不上非常完善和成熟。

蘑菇街也没有使用 Sqoop 来构建大数据平台的数据采集传输同步服务。上述技术原因固然是一方面，但绝对不是主要原因。最主要的原因还是数据的采集和导入/导出服务体系，具体的输入/输出模块的构建只是一部分内容。更重要的是要构建起任务的配置、管理、监控、调度等完整的服务能力，对整个数据同步业务流程和生命周期的封装、对用户交互体验及产品形态的完善也同样重要，需要和开发平台整体开发环境深度集成。

2）DataX

DataX 是阿里开源的一款插件式的、以通用的异构数据交换为目标的产品。其产品起源，简单地说，就是之前阿里的同学在写各种数据源之间的同步工具时，都是点对点的实现，写多了以后，发现这种两两数据源之间点对点的网状链路的开发的代价比较高。而 DataX 的思路，则是通过标准化的输入/输出模块，将点对点的实现变成了星形的拓扑结构，增加一个数据源只要单独写这个数据源的输入/输出实现模块就好了，上述思路如下图所示。

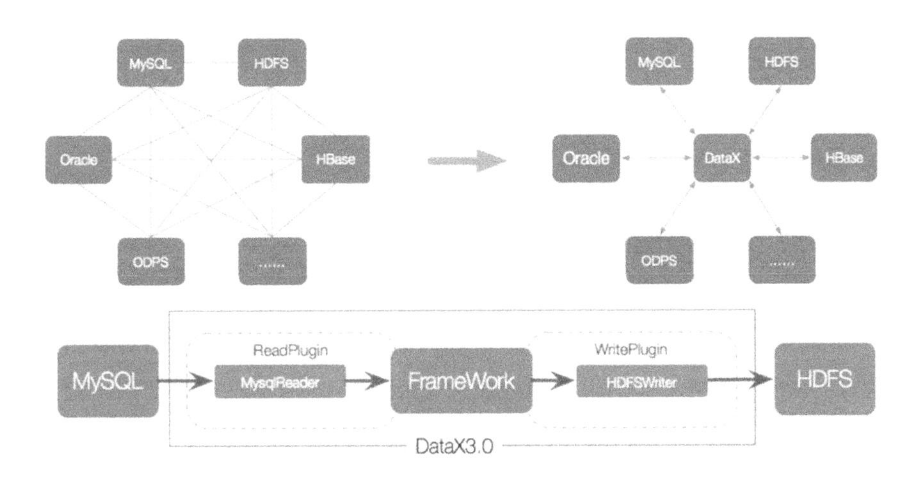

这个思路其实也没什么大不了的，和前面介绍的 Flume/LogStash 等的思想并没有本质的差别，前两者一开始就没有走网状结构的路。

不过，相比而言，DataX 的主要特点是系统的内部结构更加简单一些。在 DataX 的架构体系中，并没有通道 Channel 之类的概念，不具备数据持久化的能力，同时 DataX 也没打算构建拓扑逻辑复杂的数据链路。你可以认为它本质上只是将两个数据源之间点对点的传输工作模块化、标准化了，最终构建出来的还是一个简单的进程内读写直连的数据传输链路。

此外，从一开始，DataX 的目标还包括在简化新的数据交换链路开发代价的同时，进一步追求数据的传输效率和性能。比如，使用了 Ringbuffer 之类的技术来做输入/输出模块之间的数据中转工作等。

因为 DataX 具备架构简单和模块开发标准的特点，所以也有不少公司是基于 DataX 来构建自己的数据交换服务系统的。

DataX 自身也在持续改进中，最新开源的 3.0 版本在作业的分片处理、业务容错、数据转换、流量控制等方面也做了不少的功能拓展。

3）Heka

Heka 是 Mozilla 开源的一套流式数据采集和分析工具，最主要的架构实现，其实也就是数据采集同步这部分框架。整体的结构设计和 LogStash 等系统看起来大同小异。对于这个系统，我并没有做过实际的实践应用，只是简单地了解了一下产品设计，它的架构看起来相对比较完善，而且，它是用 Go 语言写的，偏底层后端服务开发的同学可能会喜欢。

5.2 数据交换服务具体产品实践

从前面的业务场景讨论和市面上常见的系统介绍中，你应该不难看出，数据交换是一个业务覆盖范围很广的术语，具体的产品形态设计和功能需求，其实在很大程度上取决于你所定位的业务的职能范围。

在蘑菇街的大数据开发平台中，数据交换服务系统的定位和 DataX 比较类似，系统的功能和产品形态定位，是异构数据源之间的点对点数据读写链路的构建。至于业务端的数据采集，数据分级传输链路的构建，增量数据的分发，数据库同步拓扑逻辑管理等环节，并不在我们的数据交换服务系统的功能定义范围之内，这些环节并不是不重要，只是在蘑菇街的实践中，是由其他系统独立提供服务的。

而点对点的数据读写链路服务产品的组成，又可以分为两部分，一是底层具体承载了单个数据交换任务的插件式的数据交换组件；二是上层的数据交换任务管控平台，其职能范围不仅包括系统和任务自身的配置运行管理，有时候还需要考虑针对上下游系统和具体业务的一些特性进行流程上的适配和定制。

下面的讨论基于上述产品定位展开。

5.2.1 数据交换服务底层组件

底层组件设计需要关注的地方，在前面的各种开源系统的介绍中多少也涉及了一些，下面更完整地讨论一下。

1. 从框架结构的角度来说

整个数据的读写转换流程，理想中当然是每个环节都能够灵活定制，比如可以通过 Plugin 插件的方式进行功能拓展。链路环节拆得越细，定制能力当然就越好，但是要保持系统整体的易用性也就相对更困难。

那么，整个数据读写链路，大致可以分为几个模块呢？从大的方面来说，基本分为输入、过滤转换、输出这三个模块。

再细化一些，为了提高读写模块的复用能力，还可以从输入模块中拆解出 Decoder 模块，从输出模块中拆解出 Encoder 模块。

为了达到数据链路复用的目的，还可以在输出模块之前增加一个路由模块，将一份数据拆分或复制输出到多个目标源中。不过，如果在框架中引入了这样的设计，实际上是将业务流程方面的复杂度下沉到底层组件中来，是否值得，如何取舍，就要看整体系统的设计思路了。

2. 从性能的角度考虑

为了提升数据交换服务的性能，除了要求整体服务具备水平拓展能力，还需要考虑单个作业的分布式执行能力。

整体服务的水平拓展能力，如何实现取决于数据同步服务系统的架构设计。如果采用 Server 模式的服务方式，客户端提交任务请求到服务端，由服务端负责执行，那么需要服务端能够将任务分派到后端的一组工作节点上执行，这通常需要服务端自己管理工作节点，或者依托其他集群资源调度服务来管理，比如通过提交 MR 任务扔到 Hadoop 集群上执行。

如果采用的是本地进程模式，客户端在哪里发起调用就在哪里执行任务，那么资源调度和负载均衡的工作，通常就会上移到工作流调度系统上来管理，数据同步服务自身不负责工作节点的资源分配和管控。

而单个作业的分布式执行能力，实现起来就复杂一些了。因为这涉及单个作业内部数据的分片处理。当数据的原始来源是 Hadoop 类的系统时，由于这类系统天生就支持数据分片的能力，所以实现起来通常都不会太困难，但是对于 DB、消息队列类的数据源，如何实现分片往往就要复杂一些了。

以 DB 扫表任务为例，你要分片执行，那就需要数据表具备分段检索的能力，最好是可以基于主键索引进行分段检索，否则只是单纯的条件过滤，会大大加大对 DB 的压力。但在现实应用中，很可能并不是所有的表都具备确定范围的主键，有些主键也可能并非连续的，而是离散的，这些因素都会导致很难均衡地对数据进行分片处理，进而影响分片执行的效率。

另外，基于 DataX 这种输入/输出端独立插件思想构建的数据交换链路，如何和 Hadoop 体系的数据源的数据分片处理流程更好地结合，充分利用好原生的分布式处理能力，也是需要仔细构思的。

3. 从业务稳定性的角度考虑

要保证业务的稳定性，从底层组件的角度来说，整体系统的流控和失败重试这两个环节往往也是需要重点考虑的。因为数据交换服务所对接的外部存储系统，通常还承载了其他业务。所以其负载能力往往都有一定的约束要求，其业务环境也不是完全可控的。因此数据交换服务组件，需要能够约束自己的行为，同时应对可能发生的错误。其目的是提升整体链路的稳定性，降低维护代价。

先来看流控问题，从对外部系统的影响来说，数据交换服务引入流控的目的主要是避免给外部系统带来过大的读写压力。

举例来说，要避免服务与正常线上业务的 DB 造成影响，这个问题的可能解决方式有很多，有些方案未必一定要通过改造数据交换链路自身的流控手段来实现。

比如，如果 DB 数据库的建设配套比较完善，那么通过主库和从库隔离的方式，让大数据平台的数据交换服务读取从库的数据，从而避免对主库产生影响就好了。但是，在实际生产环境中，很有可能由于资源之类的原因，一些业务的从库建设并不完整，或者从库也承担了一些线上业务的负载，不管是什么原因，这时候就需要在数据交换服务上实现流控了。

流控自身的技术实现有很多种方式，具体我们不细说。但从产品形态设计的角度来说，有一点值得特别注意，那就是流控所管控的对象的单位。通常针对 DB 类数据源，数据交换服务暴露给用户配置，是针对具体表格的数据交换任务，而数据交换服务具体任务运行的时候往往也是以单一表格数据交换任务为单位运行的。这时候，在独立的任务内部嵌入流量统计和控制的手段并不难，但是，有时候这可能并不能达到业务方想要的效果。因为除非出于计费原因实现的流控，否则业务方更担心的是整个物理数据库层面的附载压力问题。在多个任务可以并发执行的情况下，单个进程、单个表格数据的交换任务的流控其实意义有限，这就需要整个流控策略具备能够基于物理库层面进行统计和控制的能力了，在整个产品形态和流程设计上也要有针对性地满足这个需求。

再来简单看一下容错能力的建设问题。数据交换服务本质上是一个中间服务产品，外部的系统在很大程度上并不受开发平台的控制和左右，所以对外部系统可能出现的问题进行一定的容错的能力就尤为重要了。比如在同步过程中，出现格式非法的数据怎么处理，外部系统暂时不可用怎么处理；是可恢复的错误，还是不可恢复的错误；是无关整体数据可用性，可以忽略的局部错误，还是必须加以修正处理影响正确性的错误？对这些错误需要加以区分，尽量在不影响系统业务逻辑正确运行的情况下，减少不必要的流程中断和报警，否则，日常业务维护的代价就会很高。

5.2.2　数据交换服务管控平台

作为服务，不提供可视化的管控平台，只提供命令行交互方式，那就是耍流氓。

管控平台管什么？首要的当然是管理数据交换作业的任务配置信息。

标准的做法，基本都是让用户通过 UI 界面，以参数的形式配置任务信息，比如输入/输出数据源、表格、字段信息、分区信息、过滤条件、异常数据处理方式、调度时间、并发度控制、流量控制、增量或全量配置、数据生命周期等。总之，就是尽量让用户能够通过配置信息来表达自己的业务诉求。

不过，任务可供配置的参数越多，使用起来可能也就越烦琐，需要适当在功能性和易用性方面进行取舍。此外，一些复杂的过滤、聚合或转换逻辑，很可能也没办法简单地用配置的方式进行表达，这时候就需要考虑提供自定义组件的管理方式了。

除去数据交换任务自身配置信息的管理，数据交换服务管控平台需要提供的其他服务，其实和大数据开发平台上其他类型的作业任务的管理十分类似，比如：

- 提供数据交换任务的执行流水信息，便于用户查询任务执行情况和进行业务健康分析。
- 提供权限管控和业务分组管理，更好地支持多租户环境下的各种应用场景。
- 提供系统流量负载监控、任务错误跟踪报警等，更好地支持日常系统及业务的运行维护工作。

这些服务可以由数据交换服务平台独立提供，但最理想的情况，还是和开发平台的其他作业任务融合到同一个平台上进行管理，即使底层支撑数据交换服务的后台可能是独立的，在用户交互后台，也要尽可能集成到一起。一方面减少用户交互后台重复开发的代价，另一方面降低大数据平台用户的整体学习使用成本。

你无法左右别人，但是你可以改变自己。很多时候，数据同步服务需要配合上下游系统进行必要的流程定制，来满足业务的需求。

1）数据结构变更

数据同步业务最经常遇到的问题，就是业务 DB 的数据结构发生变更，导致任务运行失败。

数据结构的变更，通常很难自行解决。比如用户自定义了数据扫描的语法，当数据结构变更以后，已经非法了；比如源表的字段信息发生了增删改，目标表如何映射适配，历史数据能否转换处理，是否需要转换处理？另外，不同的数据源增删改的处理方式也可能不同，业务方希望采取的应对方式可能也和具体业务逻辑相关。所以，在很多情况下，数据结构的变更都是需要人工干预的。

那么系统能做些什么呢？自然是通过工具尽可能地降低这个变更过程的代价，比如：

- 监控源表元数据的变更，提早发现问题，提早解决，避免在半夜真正执行任务时才出错报警。
- 规范业务流程，如约定字段的变更方式、变更的通知机制等，通过最佳实践降低问题风险概率。
- 对一些已知场景提供标准化的自动处理方式，减少人工干预，加快数据转换，重建处理流程等。

2）数据时间问题

在离线业务中，大量的数据导入任务都是在凌晨附近导入前一天的数据进行批处理分析，这种场景下经常可能会遇到以下问题。

（1）数据可能由于各种原因晚到，在数据导入任务开始执行的时候，前一天的数据还没有完全到位。

数据晚到的可能原因很多，比如 DB 主从延迟太大、客户端上报不及时、业务端采集链路因为流量、负载、故障等原因未能及时采集数据等。

这时候，通常的做法，一是将日常数据采集时间适当往后推迟一小段时间（如 15 分钟到半个小时），降低问题出现的概率。二是往往需要对各种链路已知可能延迟的环节进行监控，比如采集 DB 主从延迟时间、队列消费进度等，及时报警或阻断下游任务的执行。三是对晚到的数据，需要根据业务需求制定适当处理策略，是丢弃，还是补充回写到前一天的数据中，或是直接划入第二天的数据里等。

（2）数据本身没有手段区分业务更新时间，具体执行结果依赖于任务执行时间。

比如 DB 扫表的任务，如果表格中没有用于区分业务时间的字段，但是统计业务中却需要按日期划分统计，就只能依靠在凌晨精确的时间点采集来实现了，这就很尴尬了，因为你很可能无法保证任务开始执行的时间。你可能会说这种情况是 DB 表结构设计得有问题，的确如此，这时候就需要推动业务方进行改造了。

还有一种情况更常见一些，就是 DB 表格中的确存在业务更新字段，但是，同一主键的数据可能有多个状态变迁，会被更新多次，而时间戳只有一个。举个例子，比如你有一个订单信息表格，里面记录了下单、付款、发货、收货、确认等不同的状态，但是只有一个 update 字段。那么根据某一个时间点扫描的数据，你可能无法判断出这些状态发生变化的准确时间，那么就有可能发生统计归属错误或遗漏的情况。

这两种情况通常都是因为业务方的业务流程本身并不依赖这些时间信息的记录，但是做数据统计的时候需要这些信息，而业务开发方和数据统计方负责的同学是两拨人，开发方没有充分考虑统计的需求。

有时候这种情况的问题也不大，比如半夜业务变更不频繁，数据采集过程迟一些早一些，数据偏差都不大，或者这类数据统计到前一天还是后一天都没有太大的关系。但是，当出现大范围时间偏移，或者你需要重跑历史数据的时候，比如今天重跑上周的数据，那么从当前 DB 快照无法复原业务字段变更的具体时间点，就会成为一个无法忽视的问题。

总体来说，要解决这类问题，首先数据同步服务自身得提供根据业务时间过滤数据的手段；其次要推动业务方改造数据结构，避免出现无法还原的场景；最后，有些业务还可以通过采集 Binlog 等实时增量的形式，以及分析每次数据的具体变化时序来解决。当然，由于 log 保存时间有限，对于长时间跨度重跑的场景，是无法通过这种方式来解决的。

3）分库分表处理

分库分表大概是业务上了规模以后，大家都喜欢做的事。但是在 DB 中分表可以，导入到 Hive 等以后，你得想办法合并，便于后续各种运算逻辑的开发和统计查询脚本的撰写，那么问题来了：

比如你是通过扫表的方式获取数据，如果没有类似阿里的 TDDL 这样的分库分表中间件来屏蔽 DB 分库分表细节，你就需要自己处理相关逻辑、管理和连接所有数据实例。如果通过 Binlog 获取数据，在分库的场景下也需要自己想办法合并数据采集流程和结果。

更麻烦的是，如果你的业务方分表设计的时候不够规范，不同的分表之间没有唯一的主键可以加以区分（可以区分的字段也可能不是主键），那么在合并数据的时候，可能就需要允许用户自定义合并所需要使用的字段，或者自动捏造出一个主键来，避免数据冲突。

这个问题最理想的解决方案也是通过推动 DB 分库分表中间件的建设和业务规范的建立来解决，但这对很多公司来说往往不是一件简单的事，所以，在此之前就需要自己想办法解决了。

4）数据合并去重等

通过 Binlog 增量方式来获取 DB 变更数据，优势是时效性好，有时也是某些场景下唯一的解决方案。但是因为通过 Binlog 来给离线批处理任务同步数据，实际上数据经过了表—流—表这种模式的切换，而这种切换也会带来附加的问题。

从表的变化解析成数据流，这个过程一般不会有问题，但从数据流重新构建回表格，就有几个问题需要关注了。

（1）由于数据流传输的方式，数据流可能发生乱序、重复的问题，给重构表格带来困难。

比如用消息队列传输数据，各个分区的数据可能无法保持全局有序性，消息队列本身可能也无法保证 Exactly Once 的投递。如果业务流程不能允许这类问题的发生，那就需要针对性地加以防范了，比如结合业务知识使用合适的分区字段，使局部有序的数据对业务结果不会造成影响。

（2）目标端数据源，比如像 HDFs 或 Hive 文件，可能只允许添加记录或全局重写，而无法单条删除或更新记录。

这种情况下如果来源端数据源，比如 DB 中一条记录发生多次变更，就会生成多条变更记录，而下游任务，比如一天的批处理任务，只需要最后凌晨时间点上的状态信息，这时候就需要对变更记录进行合并了。

合并数据的方法很多，取决于具体的业务场景和代价，未必有统一的最佳方案。首先需要解决数据乱序问题，然后可以在数据流式采集方案的后端，将数据先写入一个支持单条记录删改操作的中间数据源，然后再从这个中间数据源导出最终数据到目标数据源。如果数据量不大，也可以在采集程序中汇总所有数据，去重后再写出到目标数据源。也可以不去重直接将所有变更流水写入目标数据源，事后再运行一个清理程序进行去重，前提是除去采集时间，原始数据中还具备可以用作去重判断的依据。

5.2.3 蘑菇街数据交换服务的实践现状和未来改进计划

目前蘑菇街的数据交换服务，在日志相关链路中，采用 Camus 和自定义的 Hive Kafka Handler 两种方式采集，后一种采集方式在采集的基础上添加了 Topic 维度的过滤转换逻辑，可以通过自定义 HiveQL 一步完成数据的采集和转换工作。

其他大数据组件之间，以及与 DB 间的数据交换服务，由自研的与 DataX 类似架构的系统承担，插件式开发能够处理增量/全量、并发流控、分库分表等前面所描述的常见需求。另外，管控平台基本实现了用户可视化的配置、管理、执行流水查询、变更记录查询、系统负载和业务进度监控报警等功能。此外，在数据交换任务的数据质量监控方面，也做了部分采集和统计分析工作。

整体来说，主要的服务框架流程没有很大的问题，但是在与开发平台的整体集成和用户自助服务的易用性方面与理想的状态还有很大的差距。而且在性能方面，稳定性、拓展性等也有很多工作等待开展，在数据质量监控方面做的工作也相对粗糙，所以未来的改进方向包括：

- 底层数据交换组件的进一步模块化、标准化，重点加强用户自定义数据过滤和转换模块的建设。
- 单个作业分布式分片处理方案的改进，提升大表同步作业的处理效率。
- 数据合并/去重方案的改进，提升性能，规避容量瓶颈（目前的变更合并工作还是通过二次写入专属 DB 来实现）。
- 任务流量、负载、进度、异常等 Metrics 信息的全面采集和汇总分析，便于及时发现问题，持续改进业务。
- 全链路的分级容错和自动重试恢复机制的完善改进（目前的容错重试机制是作业级别的，粒度太粗）。
- 更加自动、更加平滑的流控和负载隔离机。
- 数据交换服务管控后台与大数据平台整体开发环境进一步融合，提升用户自主服务能力，降低业务开发维护成本。
- 完善异常、错误反馈机制。比如对常见问题汇总解析后再明确地反馈给用户，可能的话，提供解决意见和方案，而不是直接抛出异常代码，降低用户支持的代价。
- 前述业务数据时间问题的全面推动改进，降低数据同步任务结果的不确定性。

总体来说，大数据开发平台的数据同步服务的构建，可以参考的方案很多，具体的读写组件的开发也并不困难，能够找到很多现成的解决方案。对于多数公司的大多数业务来说，底层不论采取什么方案，通常都是可行的，重要的是链路是否完整，以及周边工具配套是否齐全。所以数据同步服务建设的成熟度水平，往往体现在管控平台的服务能力水平、业务接入及运维代价的高低。

5.3 用户行为链路分析之日志埋点采集跟踪方案实践

日志埋点和采集这部分内容，从技术的角度来说未必有多么高深，但是从业务角度来说要做到完善却很难，特别是在分析用户行为链路的场景下。所以本节专门来讨论一下相关内容。

所谓用户行为，就是用户在网站或APP上所做的动作，比如搜索商品、浏览页面、观看视频、购买商品、收藏、评论等。

那为什么要采集和记录用户的行为呢？是因为吃饱了没事干，窥探用户的隐私吗？

当然不是，说得委婉点，是为了提高产品服务质量、提供个性化服务，说直白一点，还是为了更好地赚钱。在流量换金钱的互联网商业模式下，流量的价值毋庸置疑，来之不易的流量当然需要珍惜了。所以搞清楚用户在网站/APP上到底都做了什么、想要做什么、可以被引导去做什么、在哪些环节流失了等，也就至关重要了。

要搞清楚这些，当然要有数据，所以需要采集和分析用户的行为，而用户行为日志无疑是最主要的数据来源。

5.3.1 记日志有什么难的

要想把用户行为分析得彻底，那就需要全方位地采集数据，实际上，这就是在类似蘑菇街这种业务链路复杂的电商环境下的系统中，日志采集最大的难点所在了。

全方位意味着不能遗漏，这实际上又包含了几层含义。

首先，页面全覆盖。类似蘑菇街这类业务场景的系统，用户交互界面繁多，用户交互的行为也多种多样，包括商品搜索、图墙浏览、资讯分享、收藏、加购、下单、支付、评论等。而这些行为的载体也多种多样，如PC端和移动端、H5和native、iOS系统和安卓系统、应用内打开和微信小程序内打开等。

每个业务、每种载体、每个渠道，可能都是由不同的开发同学负责的，那么如何做到全覆盖呢？完全靠每个开发同学自己埋点，显然不太现实。时间和工作量不是最大的问题，要保证数据的统一和不遗漏才是最大的困难所在。

其次，流程全覆盖。用户的行为是有前后关联的，独立的用户行为的采集统计固然重要，比如 PV/UV 这种用来衡量用户量和用户活跃程度的数据。与此同时，完整的用户行为链路的分析也是必不可少的，比如购买决策链路、会场活动效果分析、广告流量来源去向统计等。

这时候，独立页面的浏览行为统计通常就不够用了，往往需要在行为日志的采集过程中，附加必要的关联信息来实现各种页面行为的串联。

你可能会想，那就让所有的业务用统一的框架接口来采集日志，需要用于关联业务的信息，自己记录就好了，听起来也没多难。

事实上，各种各样的流量入口平台、第三方网站、应用统计服务提供商等也都提供了类似 js 脚本、日志服务接口、日志采集 SDK 等手段来标准化这件事。比如 Google Analytic、百度统计、Talking Data、Growing IO 等。从这个角度来看，这种方案本身还是比较标准的，自己开发起来，模式也不会偏离太多。

但是，大方向没问题，不代表实现起来也很容易。要做到前面所说的全覆盖的能力，js 和 SDK 就得做到尽可能地降低对业务代码的侵入，特别是基础的页面浏览类日志，最好能做到无须业务方主动调用相关代码逻辑。因为但凡需要业务方主动配合，开发代码才能完成的日志采集方案，就有可能因为各种原因，遗漏或忽视开发这部分代码，造成统计的不完整。

而业务流程的串联，也不仅仅是附加关联信息那么简单。举个例子，比如想要做页面来源跟踪，也有很多种方案：比如先植入 Cookie，然后在具体页面采集 Cookie 信息判断初始来源；比如先在入口或落地页面生成一个唯一标识 ID，然后将这个 ID 作为参数向后传递等。这些方案在某些场景下的确也是可行的，但是一旦遇到多条业务链路可能有交叉，或者链路逻辑变化频繁的情况，这些方案的逻辑就有可能随时被打破了。

因此，通用、可靠、维护代价低，这三者在日志采集的方案设计中通常是最重要的考量因素。当然，在一些实际的业务场景中，这三者可能很难同时做到，也就不排除某些链路需要定制化处理的可能。

此外，还有很多问题需要讨论，这里先不单独提出来讨论了，在后面介绍蘑菇街的一些实践和方案的过程中一并阐述。

5.3.2 蘑菇街的用户行为日志采集方案实践

1. 整体流程

蘑菇街日志采集的整体流程也很标准：页面浏览类日志，在 Web 端先使用 js 采集页面信息，然后向日志服务器特定 URL 发起一次 HTTP 请求，将采集到的数据作为参数传递过去。日志服务器响应请求，记录信息并落盘。服务端日志采集 Agent 收集日志，再汇总发送给下游链路，比如 Kafka 消息队列之类。

为了减少对业务代码的侵入和保障页面的全覆盖，js 脚本是在服务器后端通过模板嵌入每一个页面的。而用户点击交互类日志，需要业务方先自行处理业务逻辑，然后调用标准接口发送给日志服务器。APP 端则通过 SDK 提供接口给业务方，封装底层组件的差异和日志 Log 方式的具体实现，降低开发难度。

2. 日志埋点的管理

不论是浏览类日志还是点击交互类日志，都会打上特定的事件 ID 进行标识，便于后续统计。

浏览类日志的 ID 标识，大多是按规则自动生成的，也有重点页面是通过注册预先指定的，比如商品详情页之类。而点击交互类日志的事件 ID，则都是先通过后台统一注册登记管理，生成唯一 ID 后，再由业务开发方通过 SDK 记录下来的。

在 Web 端，埋点的实施是即时生效的，服务器端代码修改以后，在客户端浏览器里下一次加载页面时就能生效。当然，如果你有 CDN 静态资源缓存机制，还要考虑如何淘汰旧的缓存资源。

在 APP 端，往往需要通过版本发布的流程才能更新代码，所以埋点的实施需要提前规划，也无法动态更新。这时候就有人提出动态埋点的技术了，多数情况下，绝大多数所谓的动态埋点技术，就是先全部无差别地把所有可能的埋点位置先埋上代码，但不启用，需要的时候再打开开关。

蘑菇街在 APP 端目前还没有做到动态无痕埋点，所以交互类日志埋点的全覆盖，还是依靠业务上线前预先规划统计需求、制定埋点方案、注册管理、测试验证这样的流程来保证的。在业务快速变化的过程中，这么琐碎的事务只靠人工来保证也是比较困难的。为此，蘑菇街也针对性地开发了专门的管理后台来串联相关工作流程。

3. PV/UV 和独立交互类事件统计

PV/UV 类的独立页面统计分析，理论上来说，通过页面访问记录，获取 URL 进行正则匹配来做也是可以的。但是这样做也存在很多问题，比如正则匹配的计算效率比较低，在大量页面的情况下，URL 正则匹配的规则也难以管理，那规则之间会不会重叠？一些动态生成的页面，URL 甚至可能无法通过正则匹配进行合理的归类，新业务的页面 URL 如何保证和原有业务的匹配规则不冲突等。总之，通过 URL 进行正则匹配虽然可行，但是维护代价极高。

所以，更好的方式是给各个页面赋予一个唯一的 ID，当然考虑到统计的需要通常是按一类页面进行统计，所以这个唯一 ID 一般也是赋予同一类页面，而不是每一个具体的页面实例的。比如搜索图墙，每次用户搜索生成的数据都是不一样的，当然没办法也没有必要给每个搜索结果页面一个唯一的 ID 标识。

用户点击交互类的日志也是如此，交互事件当然可以有可描述的文本，但是从统计的角度来说，还是赋予每个事件一个唯一 ID 比较靠谱一点。

有了 ID，在后续统计中，对各个 ID 进行分组聚合就可以了。

4. 用户浏览行为链路跟踪方案

相比通过独立的单条日志就能完成的简单汇总类统计来说，用户浏览行为链路跟踪就麻烦很多了。比如想要知道用户是如何到达一个特定的商品页面的，是通过首页的广告位，还是通过会场活动，抑或是首页、图墙、商铺、详情这样的浏览链路过来的，这就需要串联多条日志才能完成相关的分析工作。

举一个实际的场景的例子，作为电商类平台，往往需要跟踪一个订单的下单链路，也就是所谓的订单来源分析，有什么用呢？用途很多，比如购买决策路径和转化率的详细分析，以及统计 CPS 广告推广的费用等。

这种业务场景，通过 URL 匹配或单纯的页面 ID 来做就会比较棘手，因为用户的浏览行为可能是反复随机跳转的，可能存在重复的浏览行为路径。如何鉴别用户是通过哪条路径过来的呢？ 对日志做一下时间排序可能是一种解决方案，但是日志如果存在乱序到达或丢失的情况，如何才能够发现呢？总之，这样做也可以，但是代价和可靠性都是比较大的问题。

当然，也并不是所有的链路分析场景都需要进行多跳分析，传统的页面转换率分析这种群体行为的聚合统计类分析，只涉及一次页面跳转的来源和去向两个页面，与具体跳转链路无关，还是容易处理的。

对于类似订单来源这种多次跳转类行为的精确分析，很容易想到的一种方式就是在作为可能来源的入口页面，埋下一个唯一标识，一路透传到最后的订单页面为止，这样事后统计分析时，就省去页面跟踪的过程，直接获取这个标识就好了。

理论上，这种方法也是可行的，关键是怎么透传这个参数。比如通过 Cookie 记录，或者生成一个唯一的 TraceID，并一路通过 URL 传参往下游发送。对于 Cookie 来说，一方面种 Cookie 的代价比较高，另一方面个数也是有限的。而通过 URL 传递 TraceID 参数这种方式，意味着业务链路上的所有页面都要特殊处理这个参数，继续往下游传递，一来代价更高，二来用户的浏览行为很随意，三来业务的流程也随时可能变更，因此这种方案的维护代价和可靠性也是堪忧的。而且，如果需要跟踪的业务流程类型越来越多，这种ID和Cookie的方式也是无法扩展的。

所以，个别业务链路这么处理可以，但作为通用的解决方案还是不行的。

那么应该怎么做呢？蘑菇街当前的方案是仿照阿里的SPM编码方案。关于这个方案，阿里对外的文章都是语焉不详的，我估计稍微有点敏感，毕竟需要考虑刷流量作弊等问题，不宜过多宣传，原理介绍得太多也会被人钻空子。不过，其实有心人真想分析一下也是不难的。所以大概说一下我觉得也没有什么大不了的。当然，还是不要以蘑菇街为例了，以阿里的SPM方案为例吧。

SPM编码是用来跟踪页面模块位置的编码，早期的SPM编码由4段组成，采用a.b.c.d的格式，后来添加了e字段，所以共由5个字段组成。你可以在阿里系几乎所有的业务页面中看到SPM参数，具体怎么用这几个字段其实还是根据不同的业务场景来划分的，并不完全一样。不过，对于多数的业务场景来说，大致相同，如下图所示，以这个在淘宝首页点击中间广告的行为为例。

在点击广告打开的页面的URL上，你会看到类似spm=a21bo.50862.201862-1.d1.5dcec6f7XFdlFJ这样的内容，其中：

- a字段代表的是站点，你也可以认为是一个大的业务，这里的a21bo应该是淘宝了。（具体a字段的值，有时候也会变，就要看淘宝的心情了）
- b字段代表了这个业务下的页面ID，这里的50862就是淘宝首页。

- c 字段代表具体的一个链接在页面中的模块，你就理解为是为了再拆分页面的层次结构就好了，这里的 201862 指的是首页正中的 Banner 广告位模块，-1 是为了进一步定位这是这种轮播位置的第一个坑位。
- d 字段代表的是点击的链接在模块内部的索引位置，这里 d1 就是第一个位置了（Banner 位特殊，只有一个位置）。
- e 字段是一个按特定规则生成的 UniqueID，比如这里的 5dcec6f7XFdlFJ，用来区分不同的 Session 或点击，具体实现也和业务有关，你可以理解为为了区分同一个链接在不同的浏览链路实例中的点击。区分这个有什么用呢？理论上有太多用途了，比如反作弊等。

到这里，可以看到 SPM 就是一个分层级的定位体系，这么做的好处很多，比如根据不同的统计粒度需求，可以摘取特定字段进行汇总，汇总的规则也非常标准，与具体业务几乎无关。比如需要按页面类型统计 PV，那么取 a.b 两个字段分组聚合就可以了。如果要统计具体页面模块的流量，那么统计到 a.b.c 字段就好了。要精确定位某一个推荐栏位的效果，就需要用到 a.b.c.d 4 个字段。这里只是举例，实际一些业务如何规划这几个字段的层级，也不完全是映射这种关系的，重要的是理解这种分层的目的和收益。

所以，分级定位的方式简化了普通聚合汇总类分析的难度，但是 SPM 和用户的浏览行为链路又有什么关系呢？

前面提到，SPM 参数唯一标识了特定站点页面模块内部的一个链接，这个参数实际上是在用户点击该链接的时候，自动生成并附加在目标链接的 URL 地址上的，所以在一个页面的 URL 上的 SPM 参数，实际上表示的不是这个页面的 SPM 参数，而是这个页面的点击来源的 SPM 参数，也就是上一个页面中打开当前页面所用到的链接的位置参数。所以 URL 中 SPM 的 a.b.c.d.e 5 个字段都是上个页面的信息。

至于当前页面的 SPM 信息，你还没有点击链接的时候，c.d 这两个和具体点击位置相关的字段自然是没有的，但是 a.b 这两个和页面绑定的字段是存在的，e 这个 Session 判断标识也是可以提前确定的。

所以，在页面打开以后 Log 的日志里面，我们可以记下 URL 中链接来源 SPM 的 5 个字段，以及当前页面 SPM 的 a.b.e 3 个字段。这样通过 a.b.e 3 个字段在页面之间就可以形成一个链表关系，追踪这个链表我们就可以还原用户的浏览行为链路了。如果要具体统计模块位置的流量，再把来源页面的 c.d 字段补上就好了。

这个逻辑是不是有点绕？的确如此，所以此前在开发过程中，每次和蘑菇街的各种客户端的开发同学讨论这个方案的时候，都要费不少口舌。

不过这大概也算链路跟踪里相对靠谱的方案了，这个方案阿里系的网站已经沿用和发展了十几年了，模仿这个方案的还有美团的 MTT 参数。当然也有更多的大公司没有采用这种方案，不知道是没有在意过这种方案，还是有其他解决手段，抑或只是依靠 URL 来解决问题。

我猜可能兼而有之，毕竟这套方案实施起来要全站贯穿，全端实现，如果有历史包袱，代价确实也是很高的。而 URL 匹配的方案，虽然计算效率差一些，存在这样那样的维护问题，但是如果不是特别注重个体链路的精确分析，辅助以其他手段，绝大多数的业务场景还是能找到一些解决办法的，不是完全无解。

SPM 的原理很简单，就是用格式化的字段分层定位，那么 SPM 方案的难点在哪里呢？

难点还是在于这几个字段具体值的规范化，如何尽可能减少对业务方代码逻辑的侵入。参数已经细化到每一个链接，自然不可能手动维护每个字段的值，这就需要尽可能自动化地生成这些参数，而对于特定的页面或模块还要保留自定义的能力，以备特殊用途之用。

如何自动化生成各字段的 ID 信息，这就不是一件简单的事了，不同的字段、不同的客户端环境、不同的控件对象，如何生成唯一的 ID 标识，又不需要业务方太多的干预或配合，这就要各显神通了。

下面举一些例子。

a 字段好说，毕竟站点/业务级别的种类不会太多，直接预定义好，写入页面的后台公共模板就好了。

b 字段呢？比如在 Web 端，可以采用后台具体页面模板的 URL 的 Hash 值，找一个不容易冲突的 Hash 函数基本就可以了。

那么 c 字段呢？c 字段的 ID 通常只需要页面内部唯一，所以 ID 本身自动生成一个问题不大，但是如何确定一个模块的范围是比较大的问题。在 Web 页面模板中，可以先通过对页面标签添加特定属性的方式来标识模块范围，然后在点击时自动为这个标签生成一个固定的 ID，再根据这个标签的范围计算模块内部链接的 d 字段索引值。

但是，也不是所有的模块 ID 都只需要页面内唯一就没有问题了，有些模块是跨页面共享的，这种场景是预定义一个特殊 ID 加以标识，做到全局唯一，还是依然只考虑页面内唯一，那就看业务统计的需要了。

简单来说，就是既要保留自定义的能力，又要在不打算自定义的场景下，找到一个自动生成唯一且固定的标识的途径（UUID 这种纯粹随机，每次生成结果都不一样的值当然是不行的），以免业务方需要自己生成和维护 ID 列表。

而植入和串联这些 ID 的过程，也有各种各样的问题要解决，特殊定制化处理都不难，难就难在要以通用的方式标准化处理，总之，一切都要围绕降低维护代价来考虑。

5．其他问题

在实际实践中，用户行为日志的埋点采集过程，还可能会遇上各种需要解决的工程问题。

比如，用户在客户端进行的页面回退行为的识别，需要对这种行为加以识别和筛选。PC 端问题少一点，因为可以同时打开多个页面，用户回退的行为会少一些。而在 APP 端，通常只能打开一个页面，所以如果从详情页回退到商品列表页面，再打开另一个详情页，这种情况就会很普遍。很显然，要分析页面转化率，不能认为商品列表页面的来源是上一个详情页，所以肯定要对这种行为进行修正处理。

比如，Hybrid 混合模式的处理。H5 和 Native 页面混合使用的场景越来越普及，虽然用户未必能够感知，但是从原理来说，这两种页面的日志采集方案通常是两套架构，它们之间的日志流程往往也是隔离的，但是在链路跟踪的场景下，它们的日志必须要统一处理才能正确地复现用户的行为路径。所以通常是要自动识别 H5 页面的运行环境，并且打通 H5 跳转到 Native 和 Native 跳转到 H5 两个方向的页面数据传递，否则在 Hybrid 场景下，行为链路的日志就会被打断了。

再比如，当存在页面 301/302 重定向的行为时，链路参数怎么处理？当要跟踪订单成交链路时，用户是先加购物车，再从购物车里下的订单，此时又怎么追踪原始成交链路？

还有更多的类似问题，都是用户行为日志采集过程中需要解决的。单从技术的角度来说，虽然每一个问题都未必很难，但要做到通用、完善、可靠，却不是一两天可以搞定的事情。因此，用户链路行为跟踪和分析的日志采集，是需要随着业务的发展持续改进的工作。

5.3.3　蘑菇街方案实践小结

蘑菇街在用户行为链路跟踪分析方面和日志的采集方案主要参考了阿里的 SPM 思想。前前后后实践了快三年的时间，原理和思想本身并不复杂，但是在方案完善的过程中，包括历史方案的兼容迁移过程中，还是花费了不少精力，填补了各式大坑小坑。

总体来说，该方案在各种精确链路追踪、来源分析、活动统计等业务场景中都有不错的表现，不过，在应用模式上，蘑菇街的实践还不够充分。不只是从标准化、自动化的角度来看，也包括业务的应用场景和相关链路数据价值的进一步挖掘，都还有很大的发挥和改进空间。

第 6 章

数据可视化平台

数据可视化服务，作为大数据开发平台的脸面之一，和调度系统一样，又是一个很多公司想要自己造轮子的系统。在各家公司的大数据平台版图中，它都是一个不可获取的组件，本章就来讨论一下数据可视化服务的产品需求定位和蘑菇街在这一产品上的具体实践经验。

6.1 什么是数据可视化平台

什么是数据可视化平台？我所讲的对象和你所理解的是同一个东西吗？

它是像天猫“双十一”活动时，占据了 200 平方米、全球各地曲线狂飞、五颜六色的数字跳动、流光溢彩、洋溢着互联网必胜精神的大屏狂欢系统吗？

还是像各种定位未来，使用三维全息地图、旋转透视、动态叠加各种数据悬浮图层、隐隐流淌出一股运筹帷幄决胜千里的气质的某某智慧城市系统呢？

又或者，是近有裸眼 3D VR 现实，远有黑客帝国天网矩阵，虚拟和现实交融，不知是庄周梦蝶还是蝶梦庄周的终极数字物化空间呢？

从本章内容定位的角度来说，是，也不是。

6.1.1　数据可视化平台名词定义

说是，是因为相似的是途径，都是希望借助更加丰富的图形图像视觉手段，将数据更加直观地展现出来。不同的是，对纯粹视觉效果的追求，暂时还不在本文所指代的可视化系统的目标范围之内，简单地说，酷炫是一个加分项，但不是核心需求。

那么本文中所指的可视化平台，到底指的是什么呢？让我换一个不那么阳春白雪的名词来表达：报表系统。这几个字，大家应该不陌生了吧。

所以我为什么这么矫情，故弄玄虚，不早说“报表系统”这几个字呢？

这是因为，传统的报表系统多半是以表格或有限的图例，比如折线图的形式，静态地展示底层的数据快照，通常也没有太多的用户交互能力，更多的是一个固定了逻辑和形式的单向展示系统。

为了和传统报表系统的下里巴人形象区分开来，改进了目标定位和功能特性的报表系统当然就不好意思再叫这个名字了。最起码，也得冠上一个类似 BI 商业智能系统之类的头衔。

所以，你看市面上知名度较高的报表类系统，不叫 BI 都不敢出来混，如果格调高一点的，哪怕在外围用上了一点点分布式计算技术，或者和大数据计算框架稍微靠点边，那必须得叫敏捷 BI，以示和“老朽缓慢的”传统商业智能系统划清界限。大家都“敏捷”了怎么办？那就要返璞归真强调内涵了，好比你是玩嘻哈的，这时候就要问，你有没有 Free Style 呢？于是，“可视化”这么低调而有内涵的词语也就渐渐流行开来。

因此，总结下来就是报表系统这个名字所代表的境界太低端了，要建设好四个现代化的大数据平台，我们需要一个比传统报表系统更现代化一点的数据可视化平台。当然，重要的不是它叫什么，而是在名字的背后，它试图提供的产品形态是什么。

6.1.2 已经有了那么多商业 BI 系统，为什么还要造轮子

商业化的 BI 产品很多，国外比较知名的产品有 Tableau、QlikView、Power BI，国内号称已经敏捷化的有永洪 BI、帆软 FineBI 和 BDP 等。

此外，还有源自互联网行业公司的产品新兵，比如阿里云的 Quick BI、网易的网易有数、Amazon 的 QuickSight 也是同类产品。而阿里云的 DataV，则是奔着更炫的展示效果去的，比如我们前面说的“双十一”大屏和智慧城市等，数据分析功能相对来说反而不能算是它最重要、最核心的卖点。

从产品自身定位的角度来说，这些商业化的产品并没有太大的问题，蘑菇街大数据开发平台会去再造一个轮子，并不是因为这些产品自身的功能做得不够好，比如图例不够丰富、用户交互不够直观、操作不够便捷之类。这方面的能力是商业 BI 产品赖以生存的根基所在，别人几十个人甚至几百个人的团队，历时几年十几年的时间开发的产品，当然不是我们派上几个同学，短时间内自己造轮子就能够比得过的。不说蘑菇街，腾讯在自己的公有云大数据套件服务上，提供的都是永洪的产品。

所以是大家不想出钱用商业产品，才自己开发吗？也未必，且不说购买商业产品服务的价格和自己开发的代价哪个高，不要钱的开源产品也有不少，通用的和专用的都有，比如：

- 目标定位为商业 BI 替代品的 Saiku /pantaho 体系。
- Airbnb 租房公司开源的 Superset。
- ELK 体系中为日志分析而生的 Kibana。
- 缘起 OpenTSDB，为监控系统等时间序列数据展示而生的 Grafana。

那么，问题来了，论成熟度和易用性，自己造轮子多半做不过商业产品，想省钱也有开源产品，为什么还要自己玩？ Airbnb、阿里、腾讯、网易在不做

公有云对外贩卖 BI 服务之前，也都是自己开发自己用，大家都是没事可做了吗？

个人以为，根本原因还是针对一些具体的业务应用场景，通用的商业 BI 产品难以灵活适配。传统公司的报表统计场景我不敢说，但至少对于蘑菇街这类“互联网”公司的一些数据应用场景来说是这样的。

传统的商业 BI 产品，基本上功能都很强大，但是部署和学习成本也比较高，而且往往流程定制化程度很高，和 SAP 等产品体系的整合做得也比较深入，所以基本上属于比较自洽和封闭的系统，它们的目标是给你提供一套完整的数据挖掘展示的解决方案。

而公有云上的 BI 产品，虽然部署成本相对较低，因为功能没有成熟的商业 BI 产品那么纷繁复杂，所以学习成本相对也不高。但是从自洽和封闭的角度来说，对接外部系统的能力较弱，或者说并不情愿和第三方系统开放对接。

比如，多数产品会提供从数据源采集、清洗到展示的定制流程，而用户的权限管理、数据的存储和生命周期管理，有时候甚至连数据格式都是自成体系的。此外，这些产品的内部功能组件、数据结构信息等，通常也不会以服务的形式对外暴露。

所以，在这种情况下，如果你的数据处理链路可以交给对应的产品去全权管控，或者你所需要查询展示的数据可以完全导入对应的系统中，又或者该产品能通过 jdbc 接口查询你自己管理的数据，并且不存在性能等问题，那么问题就不大，如果不行，如何和其他系统配合就会比较难处理。

而这些系统想要和你的开发平台的周边系统进行交互的深度整合，那基本上是不太可能的。想要拓展功能，比如添加实时图表展示能力和开发平台流程打通等，也基本不用想了。

至于既有的开源系统，虽然不存在封闭问题，但其自身业务逻辑也往往比较固定和模式化，要改动成本也不低，能不能二次开发为你所用，也取决于你的开发平台的流程和功能定位。

总结下来，是直接使用商业产品，还是基于开源项目进行二次开发，抑或是完全从头自主开发，基本上是按照业务复杂度和你所使用的周边系统的生态环境来决定的。在通常情况下，业务模式越复杂，需要自主开发的可能性就越高。但是，不排除你可以针对不同的场景需求，采用不同的解决方案来最小化总体代价。

那么商业或开源产品难道就不可能成熟到可以很好地适配各种复杂的应用场景吗？理论上我认为是可能的，但目前来说不太现实。

首先，在大数据领域，底层的存储和计算引擎差异巨大，远没有达到标准检索方式能一统天下的局面，各种业务组件和流程往往需要定制和灵活适配处理逻辑。

其次，现有的比较成熟的产品，其封闭的逻辑思维要打破，不但受其商业模式的限制，也需要花费很长的时间才能逐步完成。

最后，针对大数据领域应用场景的结合，说实话，我对传统厂商的产品在这方面的跟进能力，是持保留态度的，这不是技术或人力资源的问题，而是思维方式和产品定位的问题。当你的多数用户对一类场景没有复杂需求的时候，你既没有经验，也不可能把精力投入到小众专家用户的需求上去。这点横向类比地看看公有云服务厂商所提供的 Hadoop 集群服务就知道了，基本都是用最基础、最简单的功能去满足绝大多数小白用户的需求，减少服务的变数和风险才是保证这类产品成功的关键，定制？灵活？深度集成？至少当前阶段统统免谈。

6.2 数据可视化平台产品实践

对蘑菇街来说，我们自主开发的数据可视化系统，既不打算追求界面的酷炫，也不打算追求各种组件的极度丰富。和大数据生态系统各种组件的配合，和公司内部各种私有数据源的打通，与周边系统和开发平台开发流程的深度集成，对数据权限和用户的全面自主管控，才是我们的可视化服务产品的核心所在。

6.2.1　可视化平台产品定位和需求分析

蘑菇街的可视化平台产品，总体目标定位是一个通用的数据图表可视化服务后台，不仅局限于报表 BI 类业务，也希望可以通过灵活的自定义配置和开发的服务能力，支持其他各类有数据展示需求的业务后台。

简单来说，就是使用方提供数据来源，我们负责提供平台和可视化服务，通过简单的配置，完成大多数图表展示业务所需的功能，节省图表开发人员的工作量，节省其他业务后台开发人员的工作量。

在使用模式上，我们希望尽可能地让用户独立自主地定义和管理自己的图表，从开发、查询、检索到权限管控，都尽量让用户自主完成，无须系统管理员或平台开发者介入，进而降低可视化平台的整体维护成本。

想要达成这些目标，具体的产品功能需求可能包括哪些呢？下面分三个维度列举一下蘑菇街结合自身业务需求和数据平台的整体产品定位所设定的功能需求。

1. 大的产品功能维度

- 以页面维度为单位进行自定义配置开发，在页面中可以自由添加多个图表展示控件。
- 支持自定义图表页面布局的能力，包括但不限于 Frame 和 Column 等基础布局组件。
- 支持常用的图表和文本组件，支持过滤器等组件，提供参数化配置组件的能力。
- 标准化数据源接口，可动态拓展新的数据源。
- 提供基础的数据分析和格式化配置能力，支持同比、环比、聚合运算、阈值基线、维度层级定义等功能。
- 查看数据的终端用户，能够自定义数据视图，可以进行排序、过滤、钻取分析、局部缩放等动作。
- 支持定时动态刷新图表，支持实时数据展示业务。
- 支持个人业务视图，支持图表收藏订阅等功能。

2. 多租户管理和用户权限维度

- 支持可嵌套的业务分组能力，支持按目录结构树分级授权管理可视化图表，授权范围为业务组自身顶级目录以下的所有内容，包括子目录。
- 业务组管理员角色可以管理组内用户，进行角色配置、目录审核、审批（增删改等）。
- 支持对各类图表设置不同的安全等级，区别管理、高安全等级的报表、目录、角色的管理，需要走审批流程。
- 支持图表元数据信息的检索，在没有详情权限的情况下，支持列表和简介浏览，便于自主申请权限。

3. 和周边系统的开放集成维度

- 支持图表的邮件订阅，定时以邮件形式发送图表内容。
- 支持可视化页面嵌入第三方后台，便于第三方后台集成具体图表进行展示，节省开发工作量。
- 支持以 API 的形式根据模板创建图表，便于和开发平台等外部后台集成，支持一些快速自动生成图表的业务场景。

6.2.2 具体产品功能需求实践详解

同一个功能需求，在具体产品实践时，实现的方式可能有很多种，与上下游系统和整体大数据开发平台的具体实现也戚戚相关，需要结合实际情况选择适合的方式。下面仅就上一节所列举的部分功能需求设定，讨论在蘑菇街业务环境下我们所做的选择和实践。

1. 页面布局开发流程方面

关于页面布局，理想的情况是你希望做到随意拖曳、所见即所得，但我们一开始并没有走这条路，而是显式地提供列布局等控件，通过配置参数的形式（比如需要几列、长宽是多少）来决定最终页面的布局情况。

原因有两个，其一，说实话，我们在这个产品中并没有投入特别多的人力，所以一开始并没有设定足够的优先级来开发这种拖曳式的交互页面；其二，拖曳这种形式，如果不能做到极度智能，收益并不明显，甚至对于要求精确控制布局的场景，操作起来反而更加烦琐。你看阿里云的 DataV，这种极度看重展现形式的应用，拖曳布局的功能改版过几次就知道了。而在绝大多数场景下，多数用户的页面布局都是相对简单、标准的，参数化的操作形式反而更加简洁。

事实上，这种使用布局控件进行参数化配置的交互形式，在相当长的一段时间内，用户都是能够接受的，阻碍图表开发效率和系统易用性的瓶颈并不在于是否支持拖曳，所以用户需求并不强烈。

当然，如下图所示，后期我们的产品整体功能相对完善以后，也逐步加入了可视化拖曳进行页面布局的能力，但实现过程中确实发现拖曳这种方式要实现完善，很多细节需要完善，有时候还要加入一些特定的功能来简化用户操作，代价还是不低的，投入产出比并不是特别显著。比如为了方便用户统一调整组件位置和尺寸，实现了自动复制之前的布局尺寸、快速自动布局等。

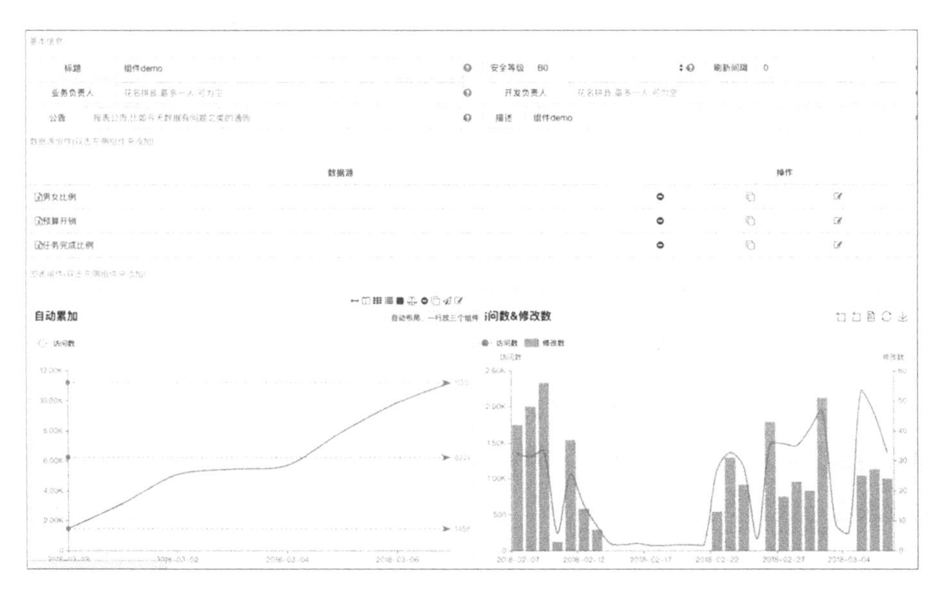

所以，如果你没有迫切的需求，一开始还是选择代价尽可能低的方式来实现页面布局自定义能力，把重点资源投入到其他更重要的功能需求开发上会比较合适。

2．页面整体展示和具体的图表控件配置流程方面

对于页面布局和具体组件的配置，不少的商业系统都是走独立配置和管理的路，比如，为一个数据库表格添加一个折线图控件进行展示，这个折线图控件就是一个图表。而整合了多个图表控件，最终提供给用户查看的页面，可能被叫作仪表盘（Dashboard）。在开发配置流程上，它们是独立的，一个负责具体数据展现形式，一个负责页面布局。

而在蘑菇街的可视化系统中，用户进行图表配置开发时，最小的管理单位就是页面，你可以理解为就是其他家所说的仪表盘，先在页面内添加多个控件，然后编辑这些控件，控件对本页面外的其他页面来说是不共享、不可见的。

这两者的选择，我们也是经过权衡的，前者的优势是控件可以在多个仪表盘之间共享，目标显然是能够复用控件，降低开发工作量。

但是，我们认为，这是一个相对理想的愿望，实际上共享起来也面临很多问题，比如权限的管理授权方面就会更加复杂，有更多的对象要管理和授权。而且，信息同步也是问题，如果共享这个控件的几个仪表盘是由不同的同学负责，那么谁对控件说了算？或者之后不同的仪表盘对这个控件的展现形式有了不同的需求怎么办？等等。

这些问题，当然都能找到解决方案，但是在业务、流程方面的沟通代价也就更高了。此外，在操作流程上也会更加烦琐（虽然这不是最大的问题）。

当然，如何取舍，最终还取决于在你的实际应用场景中哪种方案的综合代价最低。就我们的场景来说，目前在仪表盘之间共享完全一样的图表控件的需求并不大，方便权限和业务管理、尽可能简化开发流程，相对来说更加重要。

3．具体控件功能支持方面

在控件类型丰富度和参数配置灵活度方面，如果你去比对一下国内的商业产品，你会发现这往往是它们的卖点之一，这个说有火焰图、字符云，那个说

支持任意双样式图例等。至于字号样式、线条颜色及粗细、数据点形状大小、文字对齐方式、边框距离之类的各种参数多半也都是可以自定义调整的。

这么灵活的配置，必然是有代价的，工作量摆在那里，没有几十人的团队打底，这么多工作，显然在可接受的时间内是做不出来的。

你说这些功能有没有用，肯定有用，有总比没有强，尽管用户界面难免更加复杂一些。但是常不常用，该不该用，有些时候我觉得往往是走入误区的。不是说系统具备这些功能有什么不好，而是说很多时候用户为了炫而炫的用法，恨不得把页面画成彩虹，在仪表盘里把所有的控件和颜色用个遍。这往往就脱离了数据可视化的本质目的：更简单、更直观、更高效地理解数据。

事实上，对于可视化系统上的业务来说，如何用合理的方式组织数据，让目标用户快速掌握情况、发现问题、得到结论，这才是工作的重点。

思维方式的不同，其实在国外和国内的 BI 商业产品的实现上也看得到一些迹象，为了迎合国内很多企业追求绚丽花哨的展示效果的需求，国内的产品在 UI 视图展现方面花了很多力气，几乎无所不能。但是在流程管控、系统稳定性、处理数据的能力和效率，以及开发模式和工具标准化等方面投入的精力比国外成熟产品少了很多。

对于蘑菇街自研的可视化系统而言，客观地说，我们在控件丰富度和配置的灵活度方面和商业产品相比较，是有不小的差距的。我个人认为，计算和展示方面功能性的改进的优先级远高于 UI 视觉效果方面的改进；常用核心控件易用性的改进的优先级远高于整体控件种类丰富度的改进。

目前，蘑菇街的可视化系统支持如下图所示的控件，和商业产品比算很少了，其实用户用得多的也只集中在少数几个图例控件上，还是应该重点加强基础控件的功能和易用性改进。

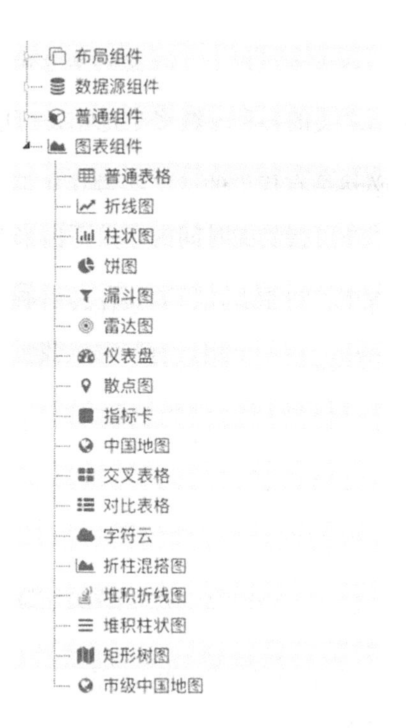

4. 数据源支持方面

对于很多传统的 BI 工具来说，数据都在关系型数据库 RDBMS 中，语法相对规范，所以数据源的支持不是大问题，而对于大数据环境下的可视化系统来说，外部数据来源种类繁多，应用模式复杂，能灵活地适配支持各种数据源，就变得非常重要。

透过 JDBC 去获取数据是最常见的形式。理论上来说，如果后端引擎的查询效率足够好，并且提供类 SQL 方言的查询语法，那么通过 JDBC 接口对接外部数据源就是一个较为理想的方案。

但是，最主要的问题是，不同的后端引擎对 SQL 的支持程度并不完全一样，特别是那些非传统 RDBMS 的引擎，比如 Hive，实际使用的是 HQL 语法，和 SQL 标准并不完全兼容。在性能方面，不同的引擎往往也有各自的优化方式和最佳实践模式。

所以，如何拓展数据源，并没有一个完美通用的解决方案。JDBC 的方案能解决一大部分问题，其他数据源要么可能要针对性地写对应的接口，要么可能需要经过导入转换的过程来解决。

不过，JDBC 的接口，从基础功能和 SQL 语法设计的角度来说，也未必完全满足可视化系统的需求，主要的问题是在 OLAP 即时分析类应用场景下，需要对数据进行各种维度的聚合操作，以支持灵活的下钻和上卷分析功能。这些功能往往不是所有的后端数据库或存储查询引擎都能较好地支持的。

此外，OLAP 类应用往往还需要定义各种维度指标模型或 Cube 模型，为了提升性能，可能还需要实现针对数据或者针对查询的 Cache 缓存层。

总体来说，就是在面向用户的展示配置表达层和面向数据的存储引擎层之间，是否需要实现一个通用的聚合运算层来衔接。这部分工作，在国内多数的 BI 商业产品中往往并没有实现。

当然，自己做一层聚合运算层，其实是很困难的，这一中间层做得越好，对底层引擎的依赖固然越少，拓展数据源的能力也越强，但是实现的代价也就越高。而且针对不同的底层引擎，一些计算下推下去执行，效率可能会更高，但每个引擎如何适配，哪些在计算层处理，哪些交给后端引擎处理，在非 RDBMS 领域往往没有固定答案，具体流程也可能千差万别，所以界限并不是那么容易划分。因此至今为止，市面上也没有太理想的方案。

不过，单纯就 OLAP 查询表达逻辑这一点来说，相对常见的做法是在用户配置表达层和 JDBC/SQL 执行层之间，添加一层基于 MDX 语法的 OLAP 查询语义层，用来承载业务逻辑的语义描述，并通过类似 Mondrian 之类的引擎翻译成 SQL 语法去执行。在这个过程中，这些中间服务引擎可以针对 OLAP 的场景做一些优化，比如做一些聚合运算、缓存优化之类的工作。

蘑菇街当前的实现，主要还是抽象在了 JDBC/SQL 语法这一层面上，在此之上做了少量的聚合操作。此外，对一些后端引擎的 SQL 方言做了兼容处理，并且支持蘑菇街内部一些自研的数据源。总体来说，这方面的工作还需要进一步改进。

5. 终端用户自定义视图能力方面

相对传统的定制开发的报表系统，可视化系统以控件的方式支持全自助图表开发，目的是提高图表开发者的工作效率，增强应用模式。

而用户查询使用方面的产品功能设计，针对的则是图表查阅者的使用效率。对于查看数据的终端用户来说，能够按照自己的思维模式，从不同的角度查看数据，同样是拓展应用模式，提高工作效率的有效手段。

所以，我们需要比如排序、过滤、钻取、缩放等在图表查询时的自定义手段。

进一步来说，如果终端用户可以通过自定义查询视图的手段定制数据展现形式，那么对于图表开发者来说，很有可能就可以花费更少的时间去关注和配置一些与视图展现相关的逻辑。

比如用表格还是折线图来展示数据，哪些字段需要做汇总，提供哪些过滤条件等，从报表开发者的角度来说，往往没有绝对的对错，而是取决于终端用户查询的需求和目的。

如果这些部分用户可以简单快速地在查询时进行定制，那么就没有必要在图表开发时专门进行配置了，既能提高终端用户查询数据的效率，也能降低图表开发者的开发代价，让他们可以集中精力去关注维度指标和运算逻辑等真正和数据模型相关的内容。

对于这方面，在蘑菇街的可视化平台实践过程中，已经实现并持续改进的功能包括：

- 支持查询时自定义聚合操作，比如用户在查询时可以自定义特定字段的聚合条件，做一些简单的类似求和/求平均之类的统计操作，不需要报表开发者在配置图表阶段进行定义，或者迫使用户下载数据后再放到 Excel 之类的软件中另行处理。
- 支持查询时自主定义过滤组件，无须报表开发者提前配置可用于执行过滤的字段和过滤用组件。

- 支持查询时控件切换能力，比如折线图切换成柱状图等，可以在有限的功能范围内，允许终端用户自主选择合适的展现形式。当然，前提是这种切换是合理的，比如数据量大小、维度与控件的逻辑和应用模式是否匹配等。
- 支持查询时自定义数据同环比对比、基线阈值等能力。基本上任何数据，终端查询用户都可能有与历史数据比对的需求，完全依靠图表开发者来配置相关功能也是不太现实的。

总体来说，任何数据视图方面的配置，如果没有特殊需求（比如强制过滤条件，限制用户的查询范围）是必须预定义的，那么它们的变更和设定，都可以考虑从图表配置阶段挪到图表查询阶段来实现，交给最终用户来选择，图表开发者只提供必需的默认值。

6. 实时业务支持方面

实时数据业务的数据可视化支持工作，多数的商业 BI 系统其实并不能完全高效地承载，原因有以下两点。

首先是数据源方面，实时流式数据的接入形式和传统静态图表 JDBC 形式的输入源还是有比较大的差别的，比如它的数据来源可能是消息队列。

对此，可以通过将数据实时刷新到 DB 中，并定时轮询的方式来实现，以规避对实时数据源的处理。对于绝大多数场景，这是一种切实可行的方案。当然，为了达到这个目标，对系统和整体数据处理链路还是有一些要求的，比如可视化系统支持定时刷新图表，此外数据源的更新必须足够迅速。在这种场景下，需要先从外部系统批量导入数据，然后离线处理并转换成内部数据结构的一类 BI 系统，就无法满足实时性需求了。

其次是图表的展现形式，实时数据的展现方式可能和传统离线静态图表有一些不同。举例来说，比如要配置一个实时监控业务数据，可能需要滑动刷新展示最近一个小时时间窗口内的数据，也可能需要和昨日对应时刻的数据进行同比对照，对于连续的数据流，还可能面临数据时间间隔不固定、个数不固定、一天内未来时间点的数据还没有生成、图表展示范围如何正确处理、X 轴坐标如何生成等问题。

这些问题严格说来，也不见得在离线图表的场景下绝对不会遇到，只是离线图表在这些方面通常没有强烈的需求，所以市面上的系统在这方面的功能实现和产品形态考虑方面就会薄弱很多。

但实际上，从可视化的角度来说，实时业务的数据可视化需求，绝大多数的功能需求还是可以和静态图表业务复用的。而且随着实时数据业务需求的日益增多，两者之间的应用边界其实也越来越模糊，在这种情况下，如果能做到一个系统承接两种业务，当然是最好了。

蘑菇街的可视化系统，从整体流程上来说，比如自动刷新图表等功能是具备的，为了承接实时业务，对部分图表控件也做了一些实时数据相关的功能加强工作。总体来说，在实时数据展现方面，还有不少地方需要通过预处理数据来支持，比如对横坐标时间轴进行人工分段处理，去适配静态图表的展示形式，配置的难度比较大，这也是近期我们正在努力优化和改进的地方。

7．多租户和用户权限管控方面

蘑菇街的可视化系统定位的是一个开放的服务平台，服务的对象不仅针对数仓/BI 等团队，所以有必要通过多租户的形式来支持不同的业务方。

而要避免多租户之间相互影响，就需要进行隔离管控。通过分级授权，可以将整个可视化系统的图表目录树结构拆分成独立的业务组进行管理。

每个业务组目录范围内的图表、目录结构等完全由业务组各自的管理员独立管理，日常的角色、权限分配、流程审批等，也不需要平台超级管理员进行干预，业务组内部可以再创建子业务组，进一步分隔权限，只有在新建顶层业务组时需要召唤平台超级管理员。

这样做的目的是尽可能对业务方充分授权，能够独立对自己所负责的对象进行自主管辖和二次授权，同时又不至于对其他租户的业务造成影响。

从我们的实践来看，这种方案从功能的角度来说，可以实现我们的预设目标，不过要真正发挥作用，还是需要用户能够利用好这些功能机制，毕竟业务组的管理和目录结构的整理等还是有一些工作要做的。

在很多情况下，为了图一时之便，不少用户并不愿意做这种梳理工作，巴不得人人都是超级管理员，想干啥干啥，这样一来风险其实就不可控了，业务组的价值也就小了很多。这点需要平台开发者进一步思考简化管理的可能，并对用户进行最佳实践引导。

至于图表和角色安全等级的设置，主要是为了加强敏感数据的安全管控工作。不同等级的图表，在具体的申请过程中，需要审批的环节各不相同，最低等级的图表无须申请，是完全公开的；最高等级的图表，需要高层领导和风控团队参与审批；而中间等级的图表，一般只需要图表负责人或业务负责人审批就可以了。

为了防止图表授权出去以后就收不回来的现象，申请流程中加入了对生命周期的管理，过期的图表自动收回权限。

8. 周边系统集成方面

多租户能力是从用户和业务的角度讨论平台的开放性，这一节是从系统集成的角度来讨论平台的开放性。

除了让用户登录系统查看数据，还可以通过邮件订阅的形式定时发送图表数据给订阅者。当然，这种模式下用户就无法进行一些复杂的交互操作了，不过多数情况下，日常快速浏览数据还是足够的。

另外，我们的可视化系统的定位，所服务的业务并不是单一的报表系统。大量的业务后台都需要展示自己的业务数据，虽然数据不同，但是展现形式多半还是类似的。那么，能不能输出可视化平台既有的图表配置开发能力和业务管控流程，减少这些业务后台的开发工作量呢？

这一般有两种做法，其中一种是提供可复用的代码组件，业务方在此基础上自主开发，这种形式可以节省一部分控件开发代价，但是整体的管控流程和配置化的开发方式还是没法复用。所以，我们提供的是页面嵌入第三方后台的服务能力。

业务方可以在可视化平台上通过配置的方式开发自己的图表页面，并通过特定的服务接口获取这些页面，嵌入到自己的后台上进行展示和交互。这样既降低了第三方后台开发者的开发代价，在使用过程中，用户也无须跳转到可视化平台，整体体验较好。

要支持页面嵌入第三方后台的功能，主要需要考虑的是用户权限的传递管控和交互模式的衔接，这些都不算太难，只是形态方面要考虑周全。

6.2.3 将来的改进目标

蘑菇街可视化平台的产品改进目标，前面多少也提到过一些，这里再统一整理总结一下。

1. 可视化组件改进

整体来说，当前蘑菇街的可视化平台内，95%以上的图表只会使用类似表格、折线图、柱状图、饼图、文本这类最基础的控件。这说明了两个问题：第一，多数业务的数据展示，真的不需要稀奇古怪的展示形式，标准的形式覆盖了多数的需求。第二，一些直觉来说应该也比较常用、有用的控件，当前的实际使用频率很低，未必真的合理。可能的原因包括：新开发的控件推广不够，业务方的使用思维还停留在简单表格阶段；这些控件的功能和易用性还比较粗糙，业务方不愿意使用。

所以，针对上述问题，可视化组件改进的重点应该是：加强常用核心控件的改进，借鉴商业产品中这部分控件的功能形态设计，进一步重点提升它们的功能和易用性，让价值产出最大化；针对使用频率低得不合理的控件，进行调研分析，找到阻碍用户使用的问题点，改进形态，加强推广。

至于控件种类的扩展和与功能无关的视觉效果方面的改进，除非绝对必要，否则暂不考虑。

配色方面，考虑到页面嵌入第三方后台，进行系统集成时不要太违和，可以为页面整体提供颜色主题模板供用户选择。

2. 拓展数据源，增强 OLAP 业务能力

一方面适当考虑接入开源的第三方中间层，比如 Saiku 和 Mondrian 等框架中的中间层部分，另一方面不排除定制适配一些 OLAP 类引擎数据源的可能性，总体目标都是提高处理海量数据的能力，接入更多的 OLAP 类应用场景。

3. 增强实时数据业务展示能力

如前所述，我们当前要接入实时数据业务的展示，图表开发配置的代价还比较高，需要进一步考虑针对实时连续数据流的场景，如何优化配置流程和展示形式。

4. 增强对第三方平台的服务能力

目前我们所支持的邮件订阅、页面嵌入第三方平台等服务能力，基本上都属于先预定义图表，然后单向输出的形式。

但是实际上，还有很大一部分第三方平台，需要即时渲染数据的能力，比如用户在数据开发平台的 WebIDE 界面上运行了一个脚本，想要将结果以图形化方式展示出来。

如果可视化平台能够通过 API 接口将图形渲染功能服务化，对外提供即时定义图表、数据渲染、图形输出的能力，那么也就能够满足这部分平台的数据展示需求。要提供这样的服务，难点在于如何进行高效的数据传输和权限管控，我们也在开展进行一些改进工作。

5. 其他杂类

- 对移动端展示平台的支持。

- 多租户的进一步隔离，比如提供独立URL、提供物理隔离的资源部署（比如针对第三方渲染服务、OLAP 类计算密集业务等场景，就有可能有这样的资源隔离需求）的能力。

6.2.4 产品实践小结

数据可视化平台产品服务，最早的需求源于数仓报表类业务的支持。用户自主定制的能力是可视化服务产品理念的关键所在。

这里所说的用户，不仅是从服务图表开发者的角度来看，要提供足够灵活和强大的自定义配置数据视图和展现形式的能力；同时也是从最终查看图表的用户的角度来看，需要提供足够灵活易用的查询时自定义能力。

此外，系统的可拓展能力，以及与开发平台和大数据生态体系上下游系统的集成能力，也是评估可视化平台成熟度水平的重要标准。

可视化服务从视觉效果展现的角度来说，没有最好只有更好，要在方方面面都做到极致，对多数公司来说是不现实也没有必要的，在构建可视化服务平台的过程中，要时刻提醒自己，数据可视化的目标是让用户以更直观的形式展现数据，更容易、更方便地发现数据内在的规律，所以千万不要舍本逐末，过度追求华而不实的功能特性。

第 7 章 安全与权限管控

大数据平台的权限管理工作，听起来不就是用户和密码管理这点事吗？先找一个数据库存储两者的映射关系，再找一个地方记录每个人可以做什么事，最后在需要的时候验证一下就好了。如果不讨论各种加解密原理和算法，这个话题有什么值得一谈的吗？

实际上，如果真正接触过这方面的工作内容，你很快就会发现，不论是在技术层面还是在产品层面，大数据平台环境下的权限管理工作都是一个让人伤脑筋的烫手山芋。它不仅是一个技术问题，还是一个业务问题，甚至还可能是一个人际沟通和权衡利益得失的哲学问题。

所以，本章分两大部分内容展开，先谈业务问题，再谈技术问题。

7.1 权限管理的目标是什么

讨论问题之前要讨论目标：为什么要做权限管理，要做到什么程度？

如果要让你的用户来回答这个问题，他们多半会说，那还不就是没事找事，给我们添堵？

从技术的角度来说，用户说的也没错，权限管理过程的本质，就是通过某些技术手段来限制用户的可能行为，其结果就是用户不能为所欲为了。

客观逻辑虽然如此，但主观思想上如果仅以这个为出发点来思考问题，那么早晚是要被人民群众的汪洋大海所吞没的。毕竟，限制用户的行为，只是权限管理的手段而不是目的。那么目的是什么呢？可以从以下三个角度来讨论。

- 适度安全，降低人为风险。
- 隔离环境，提高工作效率。
- 权责明晰，规范业务流程。

7.1.1 适度安全，降低人为风险

权限管控最直接的目的就是安全，但是，安全这个目标，如果从 Security 的角度来说，从来都没有终点，做到什么程度才算安全？这显然和具体的业务环境有关，如果事关国家最高安全机密，比如核弹发射，当然怎么做都不过分。

但多数情况下，对于多数公司的业务环境来说，现实中最大的问题可能并不是数据信息的泄露，因为其实通常并没有那么多致命的机密数据需要保护，即使有一些用户隐私、金融方面的信息需要保护，通常也只是所有数据中的一个小小子集。更何况，真的要防止蓄意的窃密行为，多半也不是简单地通过权限映射管理就能解决问题的。

那么除了信息安全，还有什么目的和“安全”这个字眼相关呢？那就是防止误操作。事实上，误操作的可能性和导致的伤害可能远大于信息泄露带来的问题，好比每年死于车祸的人远大于死于谋杀、枪击、战争等恶劣事件的人。从删库到跑路问题可能才是日常工作中最有可能困扰你的问题。

所以，在实际工作中，从防止信息泄露这个角度来看，往往可能只需要做到最低限度的保障就可以了，换句话说，就是防君子不防小人。这当然不是说

防小人不重要，而是说，防止蓄意的破坏有时候代价太高，需要评估投入产出比是否匹配。

但只防君子绝对不代表权限管理的方案就可以做得很简单。事实上，防止误操作这一目标，尽管从字面上看起来并没有多么高大上，相比于信息泄露这个字眼，也更容易被忽视，但实际实现起来却可能更加复杂、更加困难。

因为它不仅是简单的授权方案方面的技术问题，实际上收紧权限和防止误操作这两者并不等同，要降低人为的安全风险，通常还涉及系统中权限点的设计、业务流程的容错纠错能力、操作流程的规范性等，所以通常需要结合业务知识，在权限管理体系乃至业务系统交互和流程的设计过程中进行针对性设计。

7.1.2　隔离环境，提高工作效率

所谓隔离，从用户的角度来说，就是将业务进行拆分，比如在数据平台整体大环境中，制造出一个只和当前用户的自身业务相关的小环境。

这么做的目的也很简单，一方面，在一定程度上能起到防止误操作的作用，看不到别人的业务，自然也就无法操作别人的业务。此外，因为减少了误操作非相关业务的可能性，用户的胆量和自主维护的意愿也能得到提升。另一方面，将用户的业务环境进行隔离以后，能让用户在使用平台的过程中，最大限度地减少不必要的信息干扰，降低学习成本，提高工作效率。

举一个简单的例子，开发平台可以将所有的作业任务都展示给用户，并提供搜索过滤功能或层级的目录树让用户找到自己的任务。如果用户对某个任务没有权限，那么就无法打开或执行。但是，如果用户只能看到自己的作业任务，那么上述操作可能都可以省略，他所需要观察和处理的信息也会更加简洁，需要做的选择和判断也更少，工作效率自然会得到提升。

要做到这点，前提条件自然是做好业务的权限映射管理工作。你可能会想，这也很简单，只要按照任务 owner 的关系进行隔离，大家只能看到自己开发的作业和数据不就好了吗？但在实际的业务环境中，哪些是与用户相关的作业或数据有时候很难绝对定义。

比如一个开发人员，作为个人会有自己开发和负责的业务，但是从协作的角度来看，我们往往也希望团队内部的成员能共同负责部分业务，或者团队的负责人能管理团队内部所有成员的业务。又或者，一个业务的上下游利益相关方，希望能够订阅相关业务的数据，而作为系统管理员，则希望能够在必要的时候对任何作业或数据都能进行干预。同一个用户在不同的场景中可能扮演不同的角色，或者同时拥有这些角色中的多个。总之，与用户相关的小环境，往往并不那么容易清晰地定义。

所以，要做到必要且充分的业务隔离，还要能够灵活地满足各种业务关联模型，就要求权限的映射模型足够灵活。而只有权限模型也是不够的，系统 UI 的交互设计也必须结合业务场景进行合理规划，但总体原则不外乎尽量遵循 Need to Know 原则，不要给用户过多不必要的信息，进而突出重点，提高效率，降低系统的学习和使用成本。

7.1.3 权责明晰，规范业务流程

权限管理，从一个角度看是禁止用户做不该做的事，从另一个角度看是授予用户能做某件事的权力。如果我们认为这是一种权力，那么伴随着权力的授予，我们当然希望同时做到责任明晰。平台的权限管理如果只能靠系统管理员，当规模小、业务环境简单的时候问题不大，当系统和业务都变得复杂的时候就很难维系了。

所以，权限管理的理想模式是，能够将权力和责任同时下放到相关的责任团队中去，实现业务的自治管理。不但要降低平台的日常管理代价，更重要的是通过授权，明确责任人，让每个任务、每个数据都有明确的业务和团队归属。

反过来说，也只有权责明晰了，才能敦促每个相关负责同学，认真地思考和对待手中的权力，充分发挥自身的主观能动性，合理规划业务的归属关系，权限的管理才有可能做到能收能放，而不流于形式，或者成为妨碍工作效率的拦路虎。

7.1.4　权限管理目标小结

权限管理的目标，绝对不是简单地在技术层面建立起用户、密码和权限点的映射关系这么简单，更重要的是从流程合理性、业务隔离、实施代价、可执行性等方面进行考虑。单方面强调安全，结果往往并不理想。

重要的是通过适度的安全管理手段，降低业务误操作的风险，结合业务流程和系统交互设计，实现业务的合理分隔，提高工作效率，同时将权限管理工作分级授权下放到业务负责人和团队，实现业务自治管理，明晰权责归属，让权限管理充分发挥其促进业务健康安全发展的作用。

所以在实现过程中，要争取在可接受的安全范围内，保持相对较低的开发、管理和维护代价，做到真正有效地实施，否则再完美的系统也会因为人的因素而大打折扣。举一个例子，比如美国的核弹发射安全箱，一天 24 小时由将军以上级别的专人随身携带看管，安全措施可谓严格了吧，但据坊间传闻，由于害怕复杂的密码总统记不住，核弹发射安全箱的密码一度是 8 个“0”。

7.2　如何解决安全和便利的矛盾

谈完目标谈问题，如果你不幸做过与安全相关的工作，应该会有体会，在权限管控方案的实施过程中，最棘手的问题绝对不是单纯的技术问题，而是在当前技术条件水平下，安全与便利、代价与风险、平台与用户、全体与个体，乃至诉求不同的个体相互之间的利益平衡问题。

7.2.1　安全和便利天生矛盾

通常来说，既然是安全管控，那么显然得依靠一定的约束条件和规范来实现，客观上就必然给用户带来某种不便利性。虽然在实现的过程中，可能通过各种方式去自动化或智能化，但毫无疑问，在同等技术条件下，越安全通常也就越不方便，安全与便利天生就是矛盾的。

而风险，在落到自己身上之前，通常很少有人会真的给予足够的重视，好比大多数烟民，明知道吸烟得肺癌的概率比别人高很多，也很难下定决心戒烟一样。更何况有时候得到便利和承受风险的对象还有可能是不同的人群。好比丢一个香蕉皮承受风险的是过马路的老奶奶，排放污水承受风险的是生活在下游的群众。

因此，不用怀疑，在绝大多数情况下，用户一定不会赞美开发平台在权限管控方面所做的工作。因为客观上，用户的唯一感受就是，开发人员在没事找事，给他添麻烦。万一还需要用户配合才能完成改造，那简直就是作死，这时候如果用户只是冷嘲热讽几句，就已经是万幸了，想要用户真心积极配合，没有的事。

再退一步说，你的用户也有可能是一个理智的用户，他可能认同安全的重要性，但是在代价方面的看法上，往往会与你相左。用户很可能希望又安全又便利，但又没有代价，如果有代价，最好是由实施方来承担。简单来说，就是安全我认同，但别给我添麻烦。

这其实也是人之常情，但在评估具体的方案和代价收益的时候，就必然影响各方的认知和判断。

那应该怎么办？说实话，不论如何换位思考，大家的关注点肯定不一致，所以，矛盾一定会有，只是因时因事，程度不同而已。如果我说，横眉冷对千夫指，俯首甘为孺子牛，你会不会很绝望。

虽然如此，还是要想想变通的办法，下面姑且让我分析一下可能的解决方法。

7.2.2 改变角度，转移目标

既然天生矛盾，那么，能否转移矛盾？有时候，瞒天过海或许是一个可行的方案。怎么解释呢？如前所说，开发平台安全管控目标的达成，各种权限的约束和限制固然是必要的，但流程的规范、产品交互设计的改进和业务的合理规划在达成这个目标的过程中其实也是同等重要的，而这些工作，不光有助于提升安全性，往往也有助于改进和提升用户在平台上的产品体验和工作效率。

所以，如果有可能，就不要让用户在安全性和便利性这两者之间进行选择，而是尽可能在提升安全性的同时，为用户创造一些他们更加关心的附加收益，让用户在这些他们关心的收益和安全手段带来的麻烦之间进行权衡。如果这些收益大于便利性上的损失，那么相信安全相关的工作也就能推进得更加顺利一些。说直白一点，如果有可能，换个角度驱动这件事的开展。

举一个简单的例子，如果要加强数据的权限管控，要求用户必须遵守特定的用户名规范、登记 IP 地址，并且申请对应的表权限才能读写数据。那么或许可以通过为用户提供配置化的建表工具、查询工具，并提供相关数据的负载、血缘、流量监控等服务，将对用户的安全约束条件转变成能够使用对应的服务所必须提供的基础信息，这样用户配合的意愿就会有很大的提升。

7.2.3 把握尺度

在多数情况下，平台和用户的矛盾不是安全管控这件事要不要做，而是做到什么程度，也就是尺度的把握。但什么样的尺度才是合理的，现实中很难找到一个可以绝对客观衡量的标准。

如果是大是大非的问题，各方只要理智一些，就不难达成一致，但难就难在有些场景下，大家角色不同，诉求和感受都不一样，可以说评估用的尺子都不是同一把，那么又以谁的尺子为准来衡量呢？

尽管没有绝对客观的衡量标准，但我们还是可以从权限管控方案可预见的执行效果，或者不执行可能面临的风险方面进行一定的评估，大是大非的情况就不讨论了。在模糊的情况下，可以从以下几个方面来考虑相关权限管控方案的制定是否合理，是否必要，是否可以改进。

（1）相关权限管控与否，是否对他人的工作有影响，是否会让用户之间存在潜在的冲突？

这条标准通常是在资源共享，或者系统、平台、服务共享的场景下要考虑的基础判定标准。有权力就要承担责任，自己方便的同时，要考虑是否对他人造成影响。如果权限不加管控，很可能出现用户间的冲突问题，或者一旦出现冲突风险很高，那就需要考虑进行约束。当然，如前所述，更理想的方式是通过隔离手段，在产品形态上规避这类风险问题，但这并不是所有的场景都能做到的。

（2）加上相关权限管控后，大部分同学是不申请权限了，还是依然申请权限？

这是用来判断相关的权限管控带来的不便利性，到底是在管控不必要的伪需求，还是仅仅是给刚需带来了附加成本。

（3）是否几乎全部的权限申请最终都会通过？

如果相关权限申请 99%的都通过，那么基本有三种可能：一是审批者无法判断相关申请是否合理，二是相关申请其实在审批者看来无关痛痒（通常意味着即使错误的漏过了也没多大危害），三是申请真的都是合理的。

那么怎么判断是否是第三种情况呢？我觉得，可以从具体权限申请的数量上来判断，如果是很罕见的申请，比如十天半个月才有人申请一次的，那么的确有可能是第三种情况。如果是一天发生几十次上百次的申请，那么很有可能是前两种情况。

（4）相关权限管控措施是否只是有利于安全？

这就是说，权限管控的收益，除了实施者认为的安全因素，是否还有其他收益。如果没有，而安全这部分收益大家又不见得意见一致，那么它的权重可能是要打折扣的。

大致可以从上述几个方面来判断当前方案的合理性。如果上面 4 条都不满足，那么不是安全的尺度把得过严，应该放宽；就是实际实施的方案姿势有问题，应该重新思考。如果只是其中一两条不太理想，那么可能整体做得还可以，但在具体的实施手段、规则制度、流程优化、规范宣导方面还存在改进的空间。

7.2.4　可能的变通措施

保持客观，说起来容易，做起来难。不是你不想客观，而是事情是复杂的，正反因素往往同时存在，你可能坚持了其中一面，而忽视了另外一面。

那怎么办呢？虽说世上无难事，只怕有心人，但一条路走到黑，有时也并不是最聪明的做法。毕竟我们最终关心的只是风险能否控制，而非采用何种方式控制风险，或许换一种方式更容易达成一致。

1．事前审批 VS 事后审计

所谓的事前审批，就是你不提前申请权限，平台就不让你通过，做任何事情都必须走流程。而所谓的事后审计，就是用户先做，平台再检查用户的使用是否合理合规。

你可能会说，权限管理和审计是两码事，后者的前提是用户已经有权限了，只是审查权限是否使用恰当。简单来说的确如此，但在具体系统实施过程中，一个安全管控方案的制定，主要是依托审计还是依托审批，可能会影响到权限模型的规划和最终方案的实现。

如果某个服务的相关权限在业务流程中具备分级授权管理的可能，那么我们就可以考虑将部分操作权限下放给业务组负责人，如果是其在业务组范围内进行的权限相关改动，就可以考虑不走审批流程，直接生效。那么，整个系统的权限点的设计和业务流程都有可能因此而采用不同的方案。

这么做的风险是有时候业务和权限的从属关系并没有那么明晰，还没做到或者根本就做不到。这时候，如果要跳过审批流程，就需要对应的业务负责人能够正确评估自己的行为，因此就可能存在少部分业务组负责人不负责任的授权，或者授权范围大于实际负责范围的情况。

但如果你的业务场景并不是要万无一失的，那么这些风险在短期内或小范围内或许也是可以接受的。要保证这一风险控制的前提条件，就是要能够在事后进行审计，及时修正错误的行为。换句话说，就是舍弃绝对的安全，用审计来保障可控的风险，换取便利性和工作效率的提升。

如果事情可以做到如此理想，为什么有时候我们不这么做？

一来，有时候事前审批的系统实现起来往往更加简单，因为不需要分场景考虑实现方案，一刀切就好，技术成本比较低。

二来，这么做的前提条件是你需要合理规划业务和权限模型，并为每个业务找到负责人或代理人，确认有人能对最终的结果负责任，否则放出去的权限就收不回来了。但有时候，你很可能做不到这点，或者要做到这点需要投入巨大的精力。

2. 尽量少给用户添麻烦

如果实施方案上确实没法变通，那我们只能低调做人，少惹麻烦。

抛开权限管控方案改造过程中需要上下游业务方配合改造的工作不提，纯粹从最终系统完成后，用户使用的角度来看，用户常见的问题包括：

- 不知道有什么权限可申请？在哪里申请？找谁申请？
- 权限审批流程响应慢，没人管，不知道进度。
- 流程复杂且没必要，影响开发效率。

上述问题不太可能被彻底解决，因为就算方案本身没有问题，还涉及许多人为因素，而人为因素其实很难完全掌控。不论是立场问题、角度问题，还是信息不对称问题，很多时候都是要多方共同努力改进的。

但是，从平台方案设计实施的角度来说，做好一些工作还是有可能减少用户在上述问题方面的抱怨的，下面就来讨论一下。

3. 让用户知道何去何从

我是谁？我在哪？我该怎么办？

在各种后台服务的权限管控方案中，很常见的一类产品设计问题，就是对新用户不够友好，没有任何引导性的内容。如果没有权限，相关功能对用户就完全不可见，新用户面对的是一个完全空白的系统，连有哪些权限可以申请都不知道，更别提找谁申请了。遗憾的是，这类系统的设计者往往还对自己能管得严而特别自豪。

举一个简单的例子，比如一个报表系统，显然应该通过权限管控，让用户无法看到敏感报表的数据。但是我经常看到在一些类似系统的设计中，用户上来连报表列表都没法查看，给用户哪些报表权限，完全由管理员来配置。用户在这个过程中能做什么，只能完全靠问，有什么报表靠问、报表内容是什么靠问、找谁开通权限靠问、什么时候开通权限靠问。

这种管控方案未必完全不可行，如果处在一个中央集权的业务环境中，这么做显然就是正确的。但是在多数情况下，这种方案的效率堪忧，不管是对用户还是对管理员。而且即使以安全为理由，这种简单的有或没有的一刀切方案，本质上也是技术和产品方面懒惰的表现。

更合理的做法，应该是通过构建报表的元数据信息管理，将这些非敏感信息透明化，区别对待。即使没有权限，用户也应该能获取到相关报表的基本信息。比如能够查询到完整的报表列表，能够查看报表的业务描述、字段信息、负责人、变更记录、订阅情况、业务归属关系等，并且能够直接在系统上对相关报表主动发起权限申请。

总之，就是在各种服务产品的设计过程中，要尽可能让用户获取足够的信息，去驱动下一步的动作，不只考虑有权限可以做什么事，更要考虑没有权限可以做什么事。而当用户因为权限问题遇到障碍时，也要引导和提示其下一步去哪里申请，而不是直接阻断操作了事。

相比一刀切的方案，这么做无疑要花费更大的开发代价，在产品形态上，各种权限的划分也需要考虑得更加细致，但从改善用户体验、降低沟通成本、减少维护代价的角度来说，这都是值得的。

4．降低权限申请烦躁指数

对于申请了权限，急着用但是没人批、不知道进度如何等问题，从过程的角度来说，我们可以采用各种方式来改善过程的体验，比如通过各种方式提醒审批人（消息、短信、工单等），设置代理人，反馈审批进度，诸如此类。

那么这些工作的实际收益如何呢？ 从审批人的角度来看，各种提醒能使代理在一定程度上加快响应速度，但也有一个限度，过度提醒对审批人的工作效率也会造成影响。从申请人的角度来看，反馈审批进度及知道当前流程，能够在一定程度上缓解申请人的焦虑感，也便于催促审批人。

但本质上，只要最后依然需要人来审批，上述措施所能起到的成效终归是有限的，申请和审批之间总会有一个系统无法控制的人为响应的时间差。

因此，有时候我们会发现，在一些系统中开发了相应的功能以后，用户依然有很多抱怨。难道是用户都这么不耐烦？真的有那么多火急火燎的事情需要立刻完成，一刻都耽搁不了？

1）减少需要申请的权限数量

在通常情况下，加快审批流程运转的效率可能已经不是问题所在了，问题在于用户哪有那么多权限都是需要立刻审批通过的？

我们再来思考一下什么样的权限申请需要审批？通常是系统不确定用户是否可以做某项工作，所以由相关的利益相关人或负责人来判断是否放行。

那么，相比提高审批流转效率，更有效的手段或许是减少需要审批的内容的数量。所以，这就意味着我们牺牲安全性，有一些权限就不审批了吗？事实上，即使在不明显降低安全性的情况下，减少需要审批的内容往往也是可行的。

举一个简单的例子，比如 RBAC 模型很重要的思想，就是解偶权限点和具体的人的映射关系。这一方面固然是为了简化权限模型（网状变星型），但另一方面，如果你侧重审批的内容是用户的业务角色身份，而不是具体的权限点，那么一旦用户角色确定，很多角色覆盖范围内同类的权限，事实上也就无须审批了。

RBAC 模型只是一个应用，很多问题可以合理地套上 RBAC 模型去简化，但并不是说 RBAC 模型就是相关问题的唯一解。我们要知道，在保证同等安全性的同时，降低申请和审批工作量之所以可行，关键是把一些大同小异的重复过程，通过抽象变成一次性的过程。而一个用户，他的工作职责和范围在短期内往往是相对固定的，所以这件事通常是可行的。

但这件事的难点在于怎么挖掘和识别出这个可以抽象的模式，并在业务流程和权限管控方案的设计中体现出来。所以，具体的实现，往往涉及对业务流程和产品形态规划的深入思考。比如前面所说的权限下放业务组、组内工作去审批化也是一种方式，我们审批的是用户做一类事情的权力，而不是在每件具体事情上进行审批。

2）避免火烧眉毛的事情

用户抱怨影响工作效率的场景，流程的绝对响应时间有时往往可能不是问题。更多时候，是因为一个开发流程被打断，或者一件事情火烧眉毛了才来处理，这时候，流程上的等待可能影响心情，可能影响效率，也可能导致问题无法及时解决。总之，抱怨的源头不在于等待流程本身，而在于不能等、不想等的时候却需要等。

所以，有时候在系统方案设计过程中也应该思考一下，能否通过合理的产品和流程设计，减少或避免火烧眉毛的问题出现。

一方面可以通过角色和业务规划、权限下放等方式，减少权限申请的必要性，降低遇到问题的概率。另一方面也可以在一些场景下，考虑将权限申请和审批的过程尽量提前，来降低这件事的紧急程度。

比如说，可以将任务运行阶段的权限检测工作，提前到任务开发阶段来进行，不要在半夜任务运行时再报权限错误，而是在白天任务脚本修改保存时就先检测和验证所需权限。

再比如，可以通过事先规范权限应用规则的方式，让业务在开发相关工作前就申请好与自己相关的权限通道。将权限的申请提前到业务准入阶段，而不是业务开发阶段，避免在要测试任务的时候再来补权限。

总之，能提前搞定的，就不要临时解决，要依靠用户自身的规划意识，也可以通过产品和流程的设计来贯彻和强化这种意识。

5. 尽量做到自动化、智能化

自动化和智能化很容易理解，就是能不需要人手工做的工作，就应该让系统来完成。

比如一个用户自己创建的表，自然就应该给该用户赋予对应的权限。说起来很容易，但在实际情况下，很多问题并没有那么简单。

比如用户创建了一个脚本任务，这个任务的脚本的读写权限自然应该属于该用户。但是，可能还要考虑下列问题：

- 和该用户同一个业务组的同学是否需要自动授权？需要授予什么权限？如果不想自动授权，流程上又该如何区别？如果这个用户参与了多个业务组，如何判断该脚本的归属关系？
- 这个脚本创建的表、写出的数据、产生的内容该如何授权？要不要授权？这并不简单，因为任务权限的管理和数据权限的管理，可能是由不同的系统负责的，需要跨系统创建授权关系，而各系统的权限管理体系、业务分组等也可能并不一致。
- 如果相关数据被同步或复制到其他系统中，又该如何同步权限？同构体系的同步问题不大，比如 DB 主从、集群备份之类。但异构的数据汇总、采集、传输之后的权限，比如 Hive 里面的数据导出到报表系统展示，业务模型都不一样了。那么任务、数据、报表之间的权限关系又该如何映射？是否需要同步？是否能够同步？

上述问题只是举例说明自动化和智能化可能需要解决的问题，在不同的系统中，上述问题可能不重要，或者也不一定适合自动授权。但总体来说，自动化和智能化的问题不在于技术的实现，而在于在业务逻辑上如何确定可行的自动化和智能化的规则。

如果一个业务的流程没有明确的规范，业务内容缺乏归属关系的梳理，系统之间交互关系不明晰，数据血缘关系难以梳理，那么自动化、智能化的工作就很难进行。所以，与其说这是一个权限管控智能化的工作，不如说这是一个数据和流程治理的工作。

7.2.5　思想小结

权限管理工作不是简单的安全问题，更多的时候，它是一个产品设计和业务治理的理念和目标问题。实现权限管控往往并不难，难的是如何尽量减少人为参与权限管控的必要性。

开发平台需要通过用户引导、方案变通、流程规划、价值转移等方式来降低实施的成本和代价，提升实际收益。否则，靠“安全最大”这个尚方宝剑来推动工作或许没问题，但用户的抱怨和不配合也一定会让你头痛不已。

7.3　权限管控系统产品方案和技术分析

前面我们讨论了权限管控方案在目标、产品形态、实施方式方面的哲学问题，接下来讨论一下技术方面的问题。你可能会想，如果不需要防止蓄意破坏的行为，那这应该也不是很困难的事吧？

从基本的流程来说，确实如此，所以几年前，蘑菇街从内部运营系统到外部业务系统，各种大大小小的后台，一言不合就会自己实现一套权限认证管理方案。说到底，不就是两张表的事，这有何难？

不过，当系统越来越多，环境越来越复杂时，大家就会发现这件事并没有那么简单。抛开技术问题不谈，单从用户体验的角度来说，如果要在每个系统中都单独管理自己的账号和密码，那用户肯定疯掉了。所以，最起码你需要一个统一的用户账号体系。

如果各个系统的权限申请、管理、审批流程都不一样，系统开发和用户学习的成本会不会很高？于是，开发者又会考虑除了账号密码，各个后台的权限管理模型也应该统一。

具体落到大数据平台的环境下来讨论权限管理问题，相比多数以功能操作为导向的业务系统，通常又会更加复杂一些。因为大数据开发环境的特点，除了用户个人的操作权限管理，还需要考虑：

- 用户协同工作时的数据共享问题。
- 各种存储、计算、查询框架之间数据互通串联的能力。
- 数据的敏感程度不同，对安全等级的区分和管控粒度的要求。
- 分布式的集群场景，海量的数据对象，对权限管控流程的性能、效率、可维护性的要求。
- 各种服务和集群多样的交互，编程和接入方式，增加了权限管控的范围和难度。
- 数据的流动性本质，对权限的动态变更能力的需求。
- 各个组件自身架构在权限管控这方面的实现可能千差万别，如何统一和简化。

所有这些因素，都会让大数据平台环境下的权限管控工作变得更加困难和复杂。

7.3.1 常见开源方案

权限管理相关工作可以分为两部分内容，一是管理用户身份，也就是用户身份认证（Authentication）；二是用户身份和权限的映射关系管理，也就是授权（Authorization）。

用户身份认证，在 Hadoop 生态系中常见的开源解决方案是 Kerberos+LDAP。授权环节常见的解决方案有 Ranger 和 Sentry 等，此外还有像 knox 这种走 Gateway 代理服务的方案。

下面简单介绍一下这些开源项目，不是要讲解这些方案的实现原理，而是从整体架构流程的角度来看看目标问题、解决方法、适用场景等，当我们在选择或开发适合自己平台的权限管理方案时，也可以做到知其然，知其所以然。

至于 Hadoop 生态系的各个组件，比如 HDFS/Hive/HBase 自身的权限管理模型，针对的是单一的具体组件，本文就不加以讨论了。

7.3.2 Kerberos

Kerberos 是 Hadoop 生态系中应用最广的集中式统一用户认证管理框架。其工作流程，简单来说就是提供一个集中式的身份验证服务器，各种后台服务并不直接认证用户的身份，而是通过 Kerberos 这个第三方服务来认证。用户的身份和密码信息在 Kerberos 服务框架中统一管理。这样各种后台服务就不需要自己管理这些信息并进行认证了，用户也不需要在多个系统上登记自己的身份和密码信息。

下面就 Kerberos 的原理流程稍微做一下介绍，不想了解细节的读者可以跳过这部分内容。

首先，用户的身份通过密码向 Kerberos 服务器进行验证，验证后的有效性会在用户本地保留一段时间，这样不用用户每次连接某个后台服务时都输入密码。

然后，用户向 Kerberos 申请具体服务的服务密钥，Kerberos 会把连接服务所需信息和用户自身的信息加密返回给用户，此时用户自身信息是用对应的后台服务的密钥进行加密的，由于用户并不知晓这个后台服务的密钥，所以用户也就不能伪装或篡改这个信息。

最后，用户将这部分信息转发给具体的后台服务器，后台服务器接收到这个信息后，用自己的密钥解密得到经过 Kerberos 服务认证过的用户信息，再和发送给他这个信息的用户进行比较。如果一致就可以认为用户的身份是真实的，可以为其服务。

1. 核心思想

Kerberos 最核心的思想是基于密钥的共识，有且只有中心服务器知道所有的用户和服务的密钥信息。如果用户信任中心服务器，那么用户就可以信任中心服务器给出的认证结果。

此外很重要的一点，从流程上来说，Kerberos 不只验证用户真实性，也验证了后台服务的真实性，所以它的身份认证是双向认证。后台服务同样是通过用户、密码的形式登记到系统中的，避免恶意伪装的钓鱼服务骗取用户信息。

2. 应用 Kerberos 的难点

Kerberos 从原理上来说很健全，但是实现和实施起来是很烦琐的。

为什么这么说呢？首先，所有的后台服务必须有针对性地接入 Kerberos 的框架，所有的客户端也必须进行适配。如果具体的后台服务提供对应的客户端接入封装 SDK 自然很好，如果没有，客户端还需要自己改造，以适配 Kerberos 的认证流程。

其次，用户身份的认证要真正落地，就需要实现业务全链路的完整认证和传递。如果是客户端直连单个服务，问题并不大，但是在大数据平台服务分层代理，集群多节点部署的场景下，需要做用户身份认证的链路串联就没那么简单了。

举个例子，如果用户通过开发平台提交一个 Hive 脚本任务，该任务首先被开发平台提交给调度系统，再由调度系统提交给 Hive Server，Hive Server 再提交到 Hadoop 集群上执行。那么用户信息就可能要通过开发平台、调度系统 Master 节点、调度系统 Worker 节点、Hive Server、Hadoop 这几个环节进行传递，每个上游组件都需要向下游组件进行用户身份认证工作。

就算在具体的后台服务内部，比如在 Hadoop 集群上运行的一个 MR 任务，这个认证关系链还需要继续传递下去。首先客户端向 Yarn 的 RM 节点提交任务，客户端需要和 RM 节点双向验证身份，然后 RM 节点将任务分配给 NM 节点启动运行。RM 就需要把用户身份信息传给 NM，因为 NM 节点上启动的任务会以用户的身份去读取 HDFS 数据。在 NM 节点上的任务，以用户的身份连接 HDFS NameNode 获取元数据以后，还需要从 HDFS DataNode 节点读取数据，也就需要再次验证用户身份信息。

上述每个环节如果要支持基于 Kerberos 的身份验证，要么要正确处理密钥的传递，要么要实现用户的代理机制。而这两者实施起来的难度都不小，也会带来一些业务流程方面的约束。

在这个过程中，还要考虑身份验证的超时问题、密钥信息的保管和保密问题等，比如 MR 任务跑到一半，密钥或 Token 过期了怎么办，总不能中断任务吧？所以一套完整的链路实现起来绝非易事，这也是很多开源系统迟迟不能够支持 Kerberos 的原因之一，而自己要在上层业务链路上完整地传递用户身份信息，也会遇到同样的问题。

最后是性能问题。集中式管理在某种程度上意味着单点，如果每次 RPC 请求都要完整地走完 Kerberos 用户认证的流程，响应延迟、并发和吞吐能力都是比较大的问题。所以比如 Hadoop 的实现，内部采用了各种 Token 和 cache 机制，以减少对 Kerberos 服务的请求和依赖，并不是每一个环节都通过 Kerberos 进行验证。

3. Kerberos 小结

总体来说，Kerberos 是当前最有效、最完善的统一身份认证框架，但是如果真的要全面实施，代价也很高。而从安全的角度来考虑，如果真的要防止恶意破坏的行为，在整个生产环境流程中，其他能被突破的环节其实也很多，只依靠 Kerberos 并不意味着问题就解决了。所以各大互联网公司用还是不用 Kerberos，大家并没有一致的做法。即使全面推广使用 Kerberos 的公司，我敢说，除非完全不做服务化的工作，否则，整体链路方面也一定存在很多 Kerberos 无法涉及，进而从安全的角度打破了 Kerberos 整体环境安全性的环节。

用户身份认证只是权限管理环节中很小的一部分，虽然技术难度大，但是从实际影响来看，合理的权限模型和规范的管理流程，通常才是数据安全的关键所在。所以，用不用 Kerberos 需要结合实际场景和安全需求加以考量。

7.3.3 Sentry 和 Ranger

Sentry 和 Ranger 的目标都是统一地授权管理框架、平台，不只目标，这两个项目在思想和架构方面也大同小异。那么为什么会有两套如此类似的系统？因为 Cloudera 和 Hortonworks 两家相互的竞争关系，必须各做一套系统。目前看来，Sentry 借 CDH 用户基数大的东风，普通用户比较容易接受，但 Ranger 在功能完整性方面似乎略占上风。

相比用户身份认证，授权这件事情和具体服务的业务逻辑关联性就大多了，如果是纯 SQL 交互系统，通过解析脚本等方式，从外部去管理授权行为有时是可行的，其他情况通常都要侵入到具体服务的内部逻辑中才有可能实现权限的控制逻辑。

所以 Sentry 和 Ranger 都是通过 Hook 具体后台服务的流程框架，深度侵入代码，添加授权验证逻辑的方式来实现权限管控的，只不过具体的权限管理相关数据的存储、查询、管理工作，实际是对接到外部独立的系统中承接实现的，进而实现各种存储计算集群权限的统一管理。

Hook 具体后台服务的流程框架，最理想的是原系统本身就提供插件式的权限管理方案可供扩展，否则就需要对原系统进行针对性改造。另外，各个系统自身既有的权限模型也未必能满足或匹配 Sentry 和 Ranger 所定义的统一权限管理模型，是否能改造本身就是一个问题。

而且，权限验证流程通过查询外部服务实现，因此在权限的同步、对原系统的性能影响等方面常常也需要小心处理或者有针对性地优化。因此，统一的授权管理平台这一目标也是一个浩大的工程。所以至今无论是 Sentry 还是 Ranger，都未能全面覆盖 Hadoop 生态系中常见的计算存储框架。

总体来说，关于授权这件事，Hadoop 生态系中的各个组件往往会有自己独立的解决方案，但是各自方案之间的连通性并不好。而统一的授权管理框架、平台的目标就是解决这个问题，但它们当前也不算很成熟，特别是在开放性和定制性上，往往也有一定局限性。

当然，要用一个框架彻底打通所有组件的权限管理工作，除了插件化，其实也没有其他特别好的方式，而插件化自然需要框架和具体组件的双向合作努力。只能说就当前发展阶段而言，这一整套方案尚未足够成熟，没有达到完美的程度，也没有事实统一的标准。所以无论是 Sentry 还是 Ranger，当前的实现如果刚好适合开发平台的需求自然最好，如果不适合，那还需要自己再想办法，且看它们将来的发展吧。

7.3.4　Knox

最后来说一下 Knox 项目，它的思想是通过对 Hadoop 生态系的组件提供 Gateway 的形式来加强安全管控，可以近似地认为它就是一个 Rest、HTTP 的服务代理、防火墙。

所有用户对集群的 Rest、HTTP 请求都通过 Knox 代理转发，既然是代理，那么就可以在转发的过程中做一些身份认证、权限验证管理的工作，因为只针对 Rest、HTTP 服务，所以它并不是一个完整的权限管理框架。

使用 Gateway 的模式有很大的局限性，比如单点、性能、流程等，不过对于 Rest、HTTP 的场景倒也算匹配。它的优势是通过收拢 Hadoop 相关服务的入口，可以隐藏 Hadoop 集群的拓扑逻辑。另外，对于自身不支持权限认证管理的服务，通过 Gateway 也能自行叠加一层权限管控。

7.3.5　开源项目中常见的权限模型概念

如果去阅读各种开源组件的权限架构相关文档，谈到权限模型时，往往会看到各种各样的名词称谓，比如 RBAC、ACL、POSIX、SQL Standard 等。

严格来说，这些概念的内容并不是对等的，或者说它们描述的问题有时候并不是同一个范畴的内容，不适合直接拿来对比。

但是，在实际环境中，各个系统在为它们的权限模型或思想概念命名的时候，往往也并非完全和这些名词的所谓学术或标准上的定义相匹配，所以本书在讨论这些概念的时候，也不打算追求绝对的精确，只是借这些名词，泛泛地谈一下其背后的思想、目标，以及在平台建设过程中值得我们关注的点。

首先来看 RBAC 模型。从标准规范的角度来看，它绝对是一个复杂的标准，但是在实际情况下，各种开源系统在讨论 RBAC 的时候，主要指权限和用户之间需要通过角色的概念进行一次二次映射，目的是对同类权限或同类用户进行归类，减少需要维护的映射关系的数量。至于 RBAC 理论层面上各种层级的约束、条件、规范等，其实谈得很少。

而在其他模型中，也或多或少有组或角色的概念，只是在组的涵盖范围、是否允许存在多重归属、能否交叉、能否嵌套、是否允许用户和权限直接挂钩等具体规则上有所区别。基本上，如果要宣称自己是一个 RBAC 模型，那么还是要重点强调角色模型和映射关系的建设。而在其他模型中，组或角色的概念相对来说可能并没有那么突出或重要。

然后谈 POSIX 权限模型。HDFS 的文件权限模型，很长一段时间以来，只支持 POSIX 标准文件的权限管理模型。即一个文件对应一个 OWNER 和一个 GROUP，对 OWNER 和 GROUP 及其他用户配置 RWAC 这样的读写通过管理等权限。

POSIX 模型很直白，很容易理解，实现也简单，最大的问题是文件的共享很难处理。因为要将权限赋予一拨人，只能通过单一固定的组的概念，无法针对不同的人群和不同的文件进行分组授权，所以很难做到精细化的授权管理。

为了解决权限多映射精细管理问题，HDFS 又引入了 ACL（Access Control List）模型，就是针对访问对象有一个授权列表。那么对不同对象给不同用户赋予不同的权限也就不成问题了。当然，HDFS 的 ACL 模型也不是范本，事实上，各种系统中所谓的 ACL 模型，具体设计都不尽相同，唯一可能共通的地方就是：对访问对象赋予授权列表这个概念，而不是像POSIX这种固定分类的授权模式。

ACL 模型理论上看起来很理想，但在 HDFS 集群这个具体场景中，麻烦的地方在于如果集群规模比较大，授权列表的数量可能是海量的，性能、空间和效率都可能成为问题。而事实上，ACL 对象精细化的管理也并不那么容易。当然，这些也并不能算是 ACL 模型自身的问题，更多的是具体的实现和上层业务规划方面的问题。

最后说所谓的 SQL Standard 的权限模型，从模型的角度来说，它和 ACL 模型并没有本质区别，只不过是在类 SQL 语法的系统中，模仿了 MySQL 等传统数据库中标准的授权语法来与用户进行交互，比如Hive Server2 中支持的SQL 标准授权模型。

7.4　基于开发平台服务入口的权限管控方案

了解了相关的解决方案和思路，在我们自己的大数据平台的权限管理方案的实施过程中，不管是全面使用开源方案，还是局部混搭，又或者是完全自行构建，都可以从身份认证与授权管理、集中式管控与 Gateway 边界管理等角度来拆解、思考和分析问题，寻找适合自身业务场景的整合方案。

7.4.1　权限管控方案实践

蘑菇街的整体思路，是尽可能通过构建产品化的大数据开发平台，将各种集群以服务的形式对外提供。换句话说，类似于上述 Gateway 的思想（但不是 Knox 这种 HTTP 代理），尽可能让用户通过开发平台来提交任务、管理数据，而不是直接通过 API 连接集群。

当所有的用户都通过开发平台来和集群进行交互时，开发平台就具备了统一的用户身份认证和权限管理的基础前提条件。当然，实际情况并没有那么理想，不管是出于技术原因、实现代价原因、程序效率性能原因，还是出于业务流程原因，总会有些业务流程和任务无法通过开发平台来统一管控，这时候就需要结合其他方案来弥补了。

以 HDFS 集群的文件读写权限认证为例，大部分涉及 HDFS 文件读写的任务，比如 Hive、Presto、SparkSQL 等相关任务，如果我们管控了这些任务作业的提交入口，相关的集群由我们提供，那么多数权限管控工作我们都是能够在开发平台层面完成管控的。

但还有很大一部分需要读写 HDFS 数据的业务，自身并不运行在大数据开发平台提供的服务上。比如内网的简历系统需要存取简历、商家的证照文件需要备份、广告的算法模型和特征数据需要在各个子系统间传输等，这些业务的程序可能是自行开发的，调用入口也并不在大数据开发平台上，所以开发平台也就很难对其进行用户身份认证。

而 Hadoop 的客户端，除了 Kerberos 方案，剩下的 Simple 认证方案，实际上并不真正识别用户的身份。比如你只需要通过环境变量设置宣称自己是用户 A，Hadoop 就允许你操作用户 A 的数据。那么是不是不用 Kerberos 就无法处理这个问题了？

也不完全如此，如果用户的需求是简单的文件存储工作，那么我们可以考虑通过对象存储服务的方式来支持，用户身份的认证在对象存储服务中实现，由对象存储服务代理用户在 HDFS 集群上进行文件读写操作。但如果用户就是需要灵活的 POSIX 模式的文件读写服务，那就要在 HDFS 自身服务方面动脑筋了。是封装客户端还是改造服务端，取决于具体的安全需求程度和实现代价。

基于服务端的改造通常对用户的透明性好一些，安全性也更强一些（因为别人可以不用你封装好的客户端。当然，也可以在服务端加上客户端的 ID 识别之类的工作来加强防范）。比如，如果我们相信业务方自己不会滥用账号，我们的目的只是防止各个业务方之间无意的互相干扰和误操作，那么在服务端进行用户身份和 IP 来源的绑定鉴定，即特定用户只能由特定 IP 的机器使用，结合 Hadoop 自身的 POSIX 文件权限管理模式，基本就能达到目的。当然，服务端的管控还可以有更多的其他方案，这就需要结合具体的业务环境、运维成本和技术代价等进行判断选择了。

7.4.2 底层统一权限管控和平台边界权限管控方案对比

首先，Ranger 等方案主要依托大数据组件自身的方案，Hook 进执行流程中，所以管控得比较彻底，而开发平台边界权限管控的前提是收拢使用入口，所以论绝对安全性，如果入口收不住，那么不如前者来得彻底。通常来说，为用户提供统一的服务入口，不仅是安全的需要，也是开发平台提高自身服务化程度和易用性的必要条件。

其次，底层权限统一管控平台，因为依托的是大数据组件自身的方案，并不收拢用户交互入口，所以身份认证环节还是需要依托类似 Kerberos 这样的系统来完成。而开发平台服务方式收拢了入口，就可以用比较简单的方式自行完成身份认证。如前所述，相比涉及三方交互的分布式身份认证机制，通常它的实现代价会更低一些。

再次，对于大数据组件自身的权限方案，权限验证环节通常发生在任务实际执行的过程中，所以流程上基本都是在没有权限的时候抛出一个异常或返回错误，因此不太可能根据业务场景做更加灵活的处理。

而对于开发平台服务方式，权限的验证如果可以做到在执行前阶段（比如通过语法分析获得）进行，那么流程上就可以灵活很多，可以结合业务相关信息提供更丰富的调控手段。

例如，在业务开发过程中，在代码编辑或保存时就可以进行相关权限验证和提示，避免在半夜任务实际执行时才发现问题。也可以定期批量审计脚本任务，或者根据业务重要程度对缺乏权限的情况进行区别对待：提示、警告、阻断等。简单地说，就是你想怎么做就怎么做。而 Ranger 等基于底层组件进行 Hook 的权限架构方案，一来没有相关业务信息无法做出类似决策，二来考虑通用性，很多平台环境相关业务逻辑不可能也不适合绑定进来。

当然，这两种方案并不是互斥的，如何定义产品和如何拆分各种需求，对选择权限管控方案也有很大的影响。更常见的情况是需要一个混合体，取长补短，弥补各自的不足之处。

7.4.3 边界权限管控方案小结

总体来说，在开发平台上进行边界权限管控，并不是因为这种方式更安全，而是因为它更灵活，与业务和流程的兼容适配性更好，对底层组件自身权限管控能力的依赖性更小。甚至还可以根据业务逻辑，有针对性地定制权限管控策略，但是因为自身通常并不深度 Hook 具体组件内部执行逻辑，所以部分场景可能无法有效地进行管控（比如二进制代码任务无法从外部解析其读写逻辑），需要和底层组件权限管控方案结合起来实施。

换个角度来说，这也是在开发平台的产品化过程中，很多任务会希望尽可能 SQL 化、脚本化、配置化的推动力之一。一方面，SQL 化、脚本化、配置化有助于降低用户的开发成本，可以做一些系统层面的自动优化，沉淀知识和最佳实践。另一方面，有了可供解析语义的文本，也便于根据语义进行权限管理，尽可能完善平台边界权限管控的能力和范围。

第 8 章

数据质量管理

本章主要讨论大数据平台的数据质量管理工作和相关系统。在具体展开讨论之前，定义一下本书所说的数据质量管理的内容范围。如果把数据质量管理换成一个更加阳春白雪的名字“数据治理（Data Governance）”，或许更多人听说过。

作为一个高大上的存在，完整的数据治理的概念是一个涵盖了平台、业务、流程、标准、应用等各环节在内的复杂体系。而本书的内容重点是底层平台的建设，所以在本章中，我并不打算讨论数据治理的全流程，这可能更适合在“商业智能系统”“数据仓库建设”之类的书籍中来阐述。

本章的讨论重点，会放在用来支撑数据治理所需要的系统服务建设和产品形态讨论上来。至于数据治理自身的理念逻辑、数仓的组织形式、维度指标模型的建设、业务流程规范的反馈闭环建设等，都不在讨论范围内。相反地，一些和数据治理概念本身可能没有直接关系，但是从平台的角度来说，有助于提升业务的稳定性，进而间接提升数据正确性的服务建设，也会一并放在这里讨论。

8.1 元数据管理平台

什么是元数据？在前面也提到过，元数据 MetaData 狭义的解释是用来描述数据的数据；广义来讲，除了业务逻辑直接读写处理的业务数据，其他所有用来维持整个系统运转所需的信息、数据都可以叫作元数据。比如数据表格的 Schema 信息，任务的血缘关系，用户和脚本、任务的权限映射关系信息等。

管理这些附加元数据信息的目的，一方面是为了让用户更高效地挖掘和使用数据，另一方面是为了让平台管理人员更加有效地做好系统的维护管理工作。

出发点很好，但通常这些元数据信息是散落在平台的各个系统、各种流程之中的。而它们的管理也可能或多或少地通过各种子系统自身的工具、方案或流程逻辑来实现。那么我们所说的元数据管理平台又是用来做什么的？是不是所有的信息都应该或者有必要收集到一个系统中来进行统一管理呢？具体又有哪些数据应该被纳入元数据管理平台的管理范围之中呢？这一节，我们就来探讨一下相关内容。

8.1.1 元数据管理平台管理什么

数据治理的第一步，就是收集信息。很明显，没有数据就无从分析，也就无法有效地对平台的数据链路进行管理和改进。所以元数据管理平台很重要的一个功能就是对元数据信息的收集，至于收集哪些信息，取决于业务的需求和我们需要解决的目标问题。

信息收集再多，如果不能发挥作用，那也只是浪费存储空间而已。所以元数据管理平台，还需要考虑如何以恰当的形式对这些元数据信息进行展示。进一步来说，如何将这些元数据信息通过服务的形式提供给周边上下游系统使用，真正帮助大数据平台完成质量管理的闭环工作。

应该收集哪些信息，虽然没有绝对的标准，但是对大数据开发平台来说，常见的元数据信息包括：

- 数据的表结构 Schema 信息。
- 数据的存储空间、读写记录、权限归属和其他各类统计信息。
- 数据的血缘关系信息。
- 数据的业务属性信息。

下面我们针对这四项内容展开具体讨论。

1. 数据的表结构 Schema 信息

数据的表结构信息很容易理解，狭义的元数据信息通常指的就是这部分内容了，它也的确属于元数据信息管理系统中最重要的一部分内容。

不过，无论是 SQL 还是 NoSQL 的数据存储组件，多半自身都有管理和查询表结构 Schema 的能力，这也很好理解。如果没有这些能力，这些系统自身就没法良好地运转下去了。比如，Hive 自身的表结构信息本来就存储在外部 DB 数据库中，Hive 也提供类似 show table 和 describe table 之类的语法对这些信息进行查询。那么我们为什么还要再开发一个元数据管理系统对这些信息进行管理呢？

可能这么做的理由很多，需要集中管理是其中一个理由，但更重要的理由，是在本质上，这些系统自身的元数据信息管理手段，通常都是为了满足系统自身的功能运转而设计的。也就是说，它们并不是为了数据质量管理的目的而存在的，由于需求定位不同，所以无论是从功能形态还是从交互手段的角度来说，它们通常无法直接满足数据质量管理的需求。

举一个很简单的例子，比如用户想知道一个数据的表结构的历史变迁记录，很显然，多数存储系统自身是不会设计这样的功能的。而且一些功能就算有，周边上下游业务系统往往也不适合直接从该系统中获取这类信息，因为如果那样做，系统的安全性和相互之间的依赖耦合往往都是一个问题。

所以，收集表结构信息，不仅是简单的信息汇总，更重要的是从平台管理和业务需求的角度来考虑如何整理和归纳数据，方便系统集成，实现最终的业务价值。

2. 数据的存储空间、读写记录、权限归属和其他各类统计信息

这类信息可能包括但不限于：数据占据了多少底层存储空间，最近是否有过修改，都有谁在什么时候使用过这些数据，谁有权限管理和查阅这些数据等。此外，还包括昨天新增了多少张表格，删除了多少张表格，创建了多少分区之类的统计信息。

在正常的工作流程中，多数人可能不需要也不会关心这类信息。但是对于数据质量管理这个话题，这些信息对于系统和业务的优化、数据的安全管控、问题的排查等工作来说，往往都是不可或缺的重要信息，所以通常这类信息也可以从 Audit 审计的角度来归类看待。

与表结构信息类似，对于这类 Audit 审计类信息的采集和管理，通常具体的底层数据存储管理组件自身的功能也无法直接满足我们的需求，需要在专门的元数据管理平台中统一进行采集、加工和管理。

3. 数据的血缘关系信息

血缘信息或者说 Lineage 的血统信息是什么？简单地说，就是数据之间的上下游来源去向关系，即数据从哪里来到哪里去。知道这个信息有什么用呢？用途很广，举一个最简单的例子，如果一个数据有问题，你可以根据血缘关系往上游排查，看看到底在哪个环节出了问题。此外，也可以通过数据的血缘关系，建立起生产这些数据的任务之间的依赖关系，进而辅助调度系统的工作调度，或者用来判断一个失败或错误的任务可能对哪些下游数据造成影响等。

分析数据的血缘关系看起来简单，但真的做起来并不容易，因为数据的来源多种多样，加工数据的手段和所使用的计算框架可能也各不相同，也不是所有的系统天生都具备获取相关信息的能力。而针对不同的系统，血缘关系具体能够分析的粒度可能也不一样，有些能做到表级别，有些甚至可以做到字段级别。

以 Hive 表为例，通过分析 Hive 脚本的执行计划，是可以做到相对精确地定位出字段级别的数据的血缘关系的。而如果是一个 MapReduce 任务生成的数

据，从外部来看，可能就只能通过分析 MR 任务输出的 Log 日志信息来粗略判断目录级别的读写关系，从而间接推导数据的血缘依赖关系了。

4．数据的业务属性信息

前面三类信息，一定程度上都可以通过技术手段从底层系统自身所拥有的信息中获取得到，又或者可以通过一定的流程二次加工分析得到。与之相反，数据的业务属性信息，通常与底层系统自身的运行逻辑无关，多半需要通过其他手段从外部获取了。

那么，业务属性信息都有哪些呢？最常见的，比如一张数据表的统计口径信息，这张表做什么用的、各个字段的具体统计方式、业务描述、业务标签、脚本逻辑的历史变迁记录、变迁原因等。此外，用户也可能会关心对应的数据表格是由谁负责开发的，以及具体数据的业务部门归属等。

上述信息如果全部需要依靠数据开发者的自觉填写，不是不行，但是显然不太靠谱。毕竟对于多数同学来说，完成数据开发工作核心链路以外的工作，很自然的反应就是能不做就不做，越省事越好。如果没有流程体系的规范，如果没有产生实际的价值，那么相关信息的填写很容易就会成为一个负担，或者流于形式。

所以，尽管这部分信息往往需要通过外部手段人工录入，但是还需要尽量考虑和流程进行整合，让它们成为业务开发必不可少的环节。比如，一部分信息的采集，可以通过整体数据平台的开发流程规范，嵌入到对应数据的开发过程中进行。例如历史变迁记录，可以在修改任务脚本或表格 Schema 时强制要求填写；业务负责人信息，可以通过当前开发人员的业务线和开发群组归属关系自动进行映射填充；字段统计方式信息，尽可能通过标准的维度指标管理体系进行规范定义。

总体来说，数据的业务属性信息，首先必然是为业务服务的，因此它的采集和展示需要尽可能地和业务环境相融合，只有这样才能真正发挥这部分元数据信息的作用。

8.1.2 元数据管理相关系统方案介绍

1. Apache Atlas

社区中开源的元数据管理系统方案，比如Hortonworks主推的Apache Atlas，它的基本架构思想如下图所示。

APACHE ATLAS ARCHITECTURE

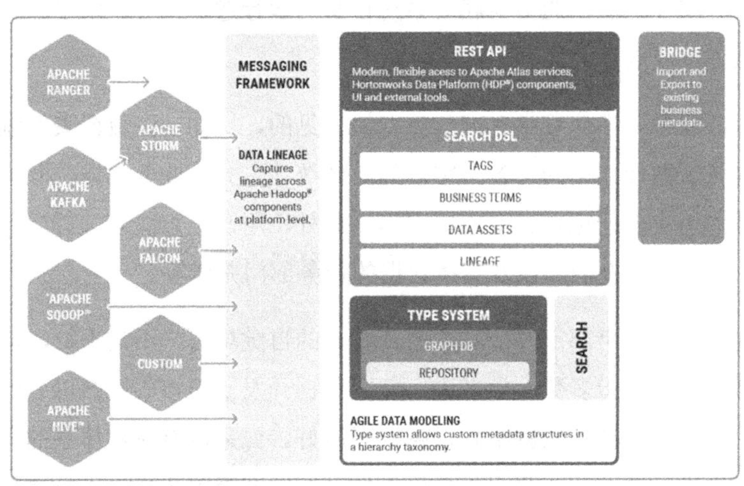

*Applies to any connector that leverages Apache Sqoop including Teradata Connector

Atlas 的架构方案应该说相当典型，基本上这类系统大都由元数据的收集、存储和查询展示三部分核心组件组成。此外，还有一个管理后台对整体元数据的采集流程，以及元数据格式定义和服务的部署等各项内容进行配置管理。

对应到 Atlas 的实现上，Atlas 通过各种 Hook/Bridge 插件来采集几种数据源的元数据信息，通过一套自定义的 Type 体系来定义元数据信息的格式，通过搜索引擎对元数据进行全文索引和条件检索，除了自带的 UI 控制台外，Atlas 还可以通过 Rest API 形式对外提供服务。

Atlas 的整体设计侧重于数据血缘关系的采集，以及表格维度的基本信息和业务属性信息的管理。为了达到这个目的，Atlas 设计了一套通用的 Type 体系来描述这些信息。主要的 Type 基础类型包括 DataSet 和 Process，前者用来描述各种数据源本身，后者用来描述一个数据处理的流程，比如一个 ETL 任务。

Atlas 现有的 Bridge 实现，从数据源的角度来看，主要覆盖了 Hive、HBase、HDFS 和 Kafka，还有适配于 Sqoop、Storm 和 Falcon 的 Bridge，不过这三者更多地是从 Process 的角度入手，最后落地的数据源还是前面四种数据源。

具体 Bridge 的实现多半是通过上述底层存储，计算引擎各自流程中的 Hook 机制来实现的，比如 Hive SQL 的 Post Execute Hook、HBase 的 Coprocessor 等，而采集到的数据则通过 Kafka 消息队列传输给 Atlas Server 或其他订阅者进行消费。

在业务信息管理方面，Atlas 通过用户自定义 Type 属性信息的方式，让用户可以实现数据的业务信息填写或对数据打标签等操作，便于后续对数据进行定向过滤检索。

Atlas 可以和 Ranger 配套使用，允许 Ranger 通过 Atlas 中用户自定义的数据标签的形式对数据进行动态授权管理工作。相对于基于路径或表名/文件名的形式进行静态授权的方式，这种基于标签的方式，有时候可以更加灵活地处理一些特定场景下的权限管理工作。

总体而言，Atlas 的实现，从结构原理的角度来说，还算是比较合理的，但从现阶段来看，Atlas 的具体实现还比较粗糙，很多功能处于可用但并不完善的状态。此外，Atlas 在数据审计环节做的工作也不多，与整体数据业务流程的集成应用方面的能力也很有限。Atlas 项目本身很长时间也都处于 Incubator 状态，因此还需要大家一起多努力来帮助它进行改进。

2. Cloudera Navigator Data Management

另外一个比较常见的解决方案是 Cloudera CDH 发行版中主推的 Navigator，相对 Atlas 而言，Navigator 的整体实现更加成熟一些，更像一个完整的解决方案。不过，Navigator 并不是开源的，也难怪 Cloudera 会在 Navigator 上花费很多的时间。

Navigator 的产品定位是 Data Management 数据管理，本质上也是通过管理元数据来管理数据，但周边工具和配套设施相对完善，和 Cloudera Manager 管理后台的产品集成工作也做得比较彻底。相比 Atlas 来说，Navigator 的整体组件架构也更加复杂一些。Navigator 的大致组件架构如下图所示。

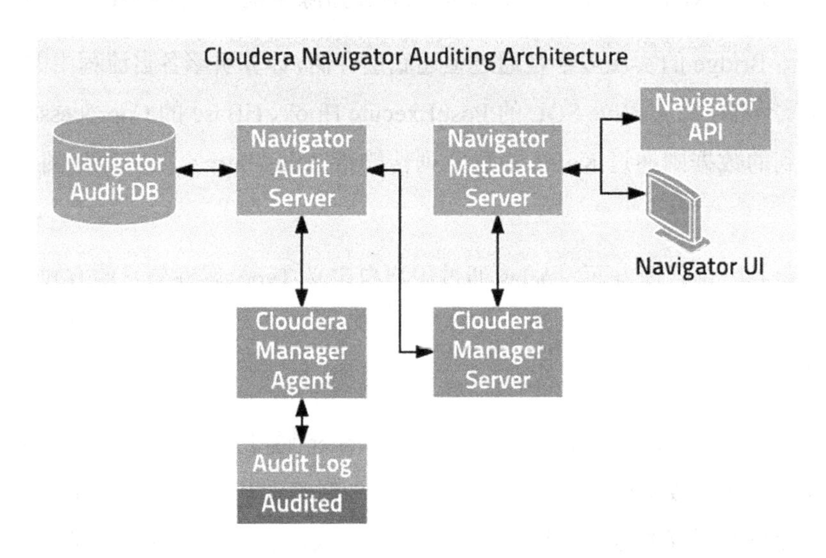

Navigator 定位为数据管理，所以对数据的审计管理方面的工作也会做得更多一些，除了采集和管理 Hive 和 Impala 等表格的血缘信息，Navigator 也可以配置采集包括 HDFS 的读写操作记录，以及 Yarn、Spark、Pig 等作业的运行统计数据在内的信息。Navigator 同时为用户提供了各种统计分析视图和查询管理工具来分析这些数据。

从底层实现来看，Navigator 同样通过 Hook 或 Plugin 插件的形式从各种底层系统的运行过程中获取相关信息。但与 Atlas 不同的是，Navigator 的元数据采集传输处理流程并没有把这些信息写入消息队列中，而是主要通过这些插件写入到相关服务所在的本地 Log 文件中，然后由 Cloudera Manager 在每台服务节点上部署的 Agent 来读取、过滤、分析处理并传输这些信息给 Audit Server。

此外，Navigator 还通过独立的 MetaData Server 来收集和分析一些非 Log

来源的元数据信息，并统一对外提供元数据的配置管理服务。用户还可以通过配置 Policy 策略，让 MetaData Server 自动基于用户定义的规则，替用户完成数据的 Tag 标签打标工作，进而提升数据自动化自治管理的能力。

总之，Navigator 和 Cloudera Manager 的产品集成工作做得相对完善，如果你使用 CDH 发行版全家福套件来管理你的集群，使用 Navigator 应该是一个不错的选择。不过，如果是自主管理的集群或自建的大数据开发平台，深度集成定制的 Navigator 就很难为你所用了。但无论如何，对于自主开发的元数据管理系统来说，Navigator 的整体设计思想还是值得借鉴的。

8.1.3 元数据管理系统工程实践

蘑菇街大数据平台的元数据管理系统，大体的体系架构思想和上述系统比较类似。不过，客观地说，蘑菇街的元数据管理系统的开发是一个伴随着整体开发平台的需求演进而渐进拓展的过程。所以，从数据管理的角度来说，没有上述两个系统那么关注数据格式类型系统的普遍适用性。比如 Schema 这部分信息的管理，我们就主要侧重于表格类信息的管理，如 Hive 和 HBase 等，而非完全通用的类型系统。但相对的，在对外服务方面，我们也会更加注重元数据管理系统和业务系统应用需求的关联。

整个元数据管理系统的组件架构思路其实和开源的系统大同小异，所以就不再赘述。下面主要介绍一下我们的管理系统的产品交互形态和一些与开发平台、业务流程相结合的特定功能设定等。

下图是我们的元数据管理系统的产品后台针对 Hive 表格元数据信息的查询界面，这个后台主要为用户提供数据表格的各种基础表结构信息、业务标签信息、血缘关系信息、样本数据信息、底层存储容量信息、权限和读写修改记录等审计信息。

common.dw_common_site_app_clicklog

基本信息 建表语句 血缘关系 样本数据 存储信息 权限信息 读写记录 修改记录

上游元数据

单击表名展开对应表的上游元数据，双击跳转到对应表的详情页

回车搜索...

- common.dw_common_site_app_clicklog
  - common.tmp_dw_site_app_clicklog_step4_data$tmptable
  - common.tmp_site_app_track_device$tmptable
  - common.tmp_dw_site_app_clicklog_step5_data$tmptable
  - default.hive_dual
  - temp.tmp_dw_site_app_clicklog_step5_data$tmptable

上游脚本/任务

名称	类型
dw_site_app_clicklog_step6	脚本
dw_site_app_clicklog_step7	脚本
dw_site_app_clicklog	脚本
dw_site_app_clicklog_step7	任务
dw_site_app_clicklog_step6	任务
dw_site_app_clicklog	任务

显示第 1 到第 6 条记录，总共 6 条记录

除了表格元数据信息管理外，蘑菇街大数据平台的元数据管理系统主要的功能之一是“业务组”的管理。业务组的设计目标是贯穿整个大数据开发平台的，作为大数据开发平台上开发人员的自主管理单元组织形式。最终目标是将所有的数据和任务的管理工作都下放到业务组内部，由业务组管理员管理。

从元数据管理系统的角度来说，业务组的管理包括数据和任务与业务组的归属关系映射，以及业务组内角色的权限映射关系等。此外，为了适应业务的快速变化，也为用户提供了数据资产的归属关系转移等功能。

总体来说，业务组的管理功能，更多的是需要和大数据开发平台的其他组件相结合，比如和集成开发平台 IDE 相结合，在开发平台中提供基于业务组的多租户开发环境管理功能；再比如与调度系统相结合，根据任务和数据的业务组归属信息，在任务调度时实施计算资源的配额管理等。

关于数据的血缘关系跟踪再多说两句。在 Atlas 和 Navigator 中，主要通过计算框架自身支持的运行时 Hook 来获得数据相关元数据和血缘相关信息，比如 Hive 的 Hook 是在语法解析阶段，Storm 的 Hook 是在拓扑逻辑提交阶段。

这么做的优点是，血缘分析是基于真实运行任务的信息进行分析的，如果插件部署全面，也不太会有遗漏问题，但是这种方式也有很多不太好解决的问题，比如：

- 如何更新一个历史上有依赖后来不再有依赖的血缘关系。
- 对于一个还未运行的任务，不能提前获取血缘信息。
- 临时脚本或错误的脚本逻辑对血缘关系数据的污染。

简单总结一下，就是基于运行时的信息来采集血缘关系，由于缺乏静态的业务信息辅助，如何甄别和更新血缘关系的生命周期和有效性会是一个棘手的问题，在一定程度上也限制了应用的范围。

我们的做法是，血缘信息的采集不是在运行时进行的，而是在脚本保存时进行的。由于开发平台统一管理了所有用户的任务脚本，所以，我们可以对脚本进行静态分析，加上脚本本身业务信息，执行情况和生命周期对开发平台是可知的，所以一定程度上能解决上述提到的几个问题。

当然，这种方案也有自己的短板需要克服，比如：如果脚本管控不到位，血缘关系分析就可能覆盖不全；血缘关系是基于最新的脚本的静态逻辑关系来分析的，无法做到基于某一次真实的运行实例进行分析。不过，从需求的角度来说，这些短板都不是很主要的问题，又或者通过周边系统的配套建设可以在一定程度上加以克服和解决。

8.2　DQC 数据质量中心

上文中，元数据管理平台主要从 MetaData 的角度，通过血缘跟踪、运行信息统计分析、业务语义分类、打标等方式来提升大数据开发平台的开发效率和数据质量。

由于多数的 SQL、NoSQL 数据库，自身或多或少都有元数据相关概念和一些管理工具，也有不少现成的基础组件和思想可以借鉴，所以从数仓理论建设的角度来说，元数据也是一个重要的环节。所以无论出于体系完整的目的，还是为了更好地进行业务分析，通常多数公司都会考虑构建一个统一的元数据管理系统。

但仅通过对元数据的管理，并不能完全覆盖数据内容的正确性和及时性问题，元数据的管理，更多的是对宏观层面的业务语义和流程逻辑的监管。对于微观层面的数据质量问题，还需要针对数据内容自身进行监控和校验。

而对于微观层面的数据校验问题，一方面没有很标准的理论体系支持，大多源于工程实践的需要；另一方面，各类数据库系统对这一部分的内容也没有太多的现成工具可以支持。从工程的角度来说，很多时候，相关的功能往往也是在局部数据链路上零散地定制化实现的。此外，这方面功能需求的强烈程度往往也取决于整体系统数据规模的大小。所以，从数据自身内容质量的角度开发针对性的系统进行管理的公司，相对来说就少得多。

如前所述，数据自身内容质量的监控，并没有标准的理论和实践基准，本书介绍的 DQC（Data Quality Center，数据质量中心）系统，只是服务于这个目的的一种可能的方案。

8.2.1 DQC 数据质量中心业界方案

从公开的资料来看，阿里的“DQC-数据质量中心”系统应该是为数不多的比较完善的一个数据质量监管体系。如下图所示，是它早年公开文档中所提供的系统架构图，虽然距现在有几年的时间了，不过整体架构应该不会有太多变化，总体思路还是比较清晰的。

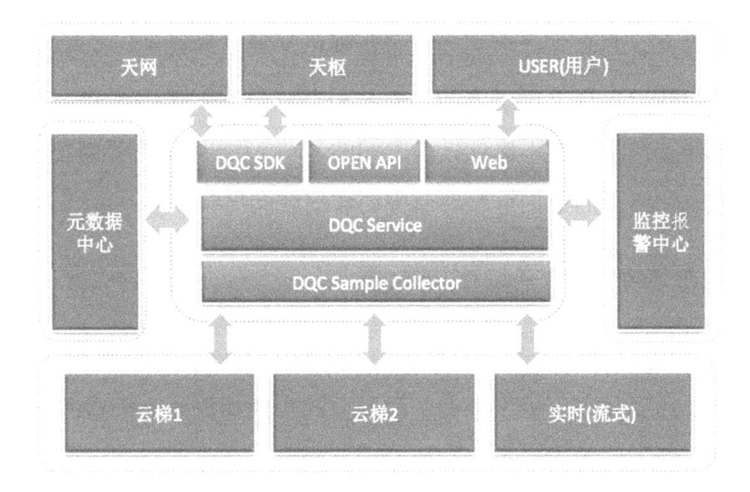

简单来说，DQC 质量中心就是一个基于规则进行数据校验的系统，先通过各种插件将必要的数据采集进系统，然后根据用户自定义的规则对这些数据进行校验匹配，对外提供查询和报警服务。外部的系统可以进一步通过客户端 SDK 或 API 获取数据校验的结果，对后续数据处理链路进行必要的处理，比如发现问题时，阻断下游任务的执行或进行补偿修正等，怎么做取决于具体的业务链路的需求和实现。

总体来说，这是一个松耦合的集中式规则校验系统。这么实现的原因也很简单：为了要达成端到端的数据正确性校验能力，规则的中心化管理显然是必不可少的；而整体链路上各个系统的数据怎么采集，以及如何监控，涉及具体的业务逻辑，每个系统自身的技术栈也不尽相同，你很难实现通用的主动式埋点采集框架。所以，用最终需要采集的数据为交互内容，让数据采集和行为反馈的业务逻辑由各个系统通过插件和客户端的形式自己实现，而不是 DQC 系统自身核心逻辑来实现，对于整个系统的健壮性和普遍适用性更加有利。这其实和运维系统中各种机器指标监控类系统的建设思路很类似。

DQC 系统的整体架构思路，理论上不会有太多偏差，最终实现的好坏不仅取决于 DQC 自身规则系统的构建，也取决于它和周边上下游系统的融合程度，需要各个参与 DQC 质量控制环节的业务系统共同努力，来完成数据质量管理的闭环建设工作。

此外，用户交互易用性方面的建设往往也是该系统成败的关键。毕竟，对于数据开发的同学来说，出于人的本性，和写单元测试代码类似，质量控制往往是大家最容易忽略也最不愿意投入时间的环节。如果 DQC 系统很难用，那么用户将它集成到自己的数据链路环节中的意愿就会低很多。

8.2.2 DQC 数据质量系统建设实践

蘑菇街大数据平台，在数据正确性监控方面也有一些有限的产品实践经验，尽管从整体成熟度和应用范围来看，和阿里的实践相比还有一些差距，不过对于刚开始做这份工作的同仁多少也能起到一些抛砖引玉的作用，所以下文也大致做一下介绍。

1. 问题需求背景

从问题需求的角度来看，我们建设 DQC 系统的背景原因也很具普遍性。主要是随着大数据平台整体业务规模的扩大，数据依赖链路越来越长，业务逻辑日益复杂，流转环节越来越多，参与其中的团队也越来越多。这势必导致各个数据开发和应用团队越来越难对数据的整体流转环节进行有效把控。

所以，这往往就导致数据业务开发者和最终用户，无法快速有效地发现数据异常。当终端产出数据不正确时，常常也缺乏有效的排查手段，很难快速定位出出现问题的具体环节在哪里。因为各个链路的负责团队可能各不相同，上下游业务逻辑的变更，对数据正确性可能造成的影响有时也很难评估，甚至可能导致一些中间链路环节出现的问题长期隐藏下来，众多下游数据被污染，而终端数据用户却很难察觉问题，或者无从判断数据的正确性。

要解决这些问题，数据业务开发团队的代码质量控制、流程梳理、定期问题排查等工作固然必不可少，但长期来看，更加有效的方式是在数据流转链路的各个环节中加入数据校验的工作，将数据质量控制逻辑固化下来，将异常检测工作常态化，而这就需要通过构建 DQC 系统来实现了。

2. 产品形态和整体架构设计

如前所述，对于 DQC 系统整体来说，业界标准的实践是构建一个松耦合的集中式规则校验引擎，蘑菇街的实践也不例外，所以大的组件结构就不再赘述。不过，整体思路如此，具体的实现还是需要根据实际情况和场景做不同的考量的。

3. 产品交互流程

从整体用户交互和工作流程来看，我们为用户规划的使用 DQC 系统的步骤大致如下。

- 在平台注册应用：本质上是为了多租户的工作环境服务，创建独立的名字空间。
- 在平台上注册具体的数据指标信息：一方面定义和描述指标，另一方面便于后续规则配置和上报属性校验。
- 针对具体数据指标进行规则配置：用户自定义如何对数据进行校验，基本上包括指标内和指标间的各种四则运算、聚合、对比等。
- 根据规则，定义每条校验规则实际校验结果所对应的报警策略。
- 用户开发客户端上报程序，上报需要进行规则校验的指标数据。
- DQC 服务端存储指标、定期检查匹配策略或根据条件触发规则校验，如果异常则进行报警。
- 用户通过 DQC 后台图标或 API 接口获取校验结果信息，采取必要的行动。

从上面的内容你可以发现，在我们的系统中，指标和规则并不是一一对应的。实际上，DQC 系统自身是围绕着规则而非指标来运转的。简单来说，指标侧重服务于数据的采集和存储环节，而规则侧重服务于数据的校验和结果反馈环节。

数据的上报采用 Rest 的方式，因为数据上报服务的性能暂时不是我们关注的核心问题，最主要的目的是减少不必要的语言或 SDK 层面的依赖耦合，让客户端自由选择数据上报客户端的具体实现方式。

上报的数据格式主要包括：指标 ID、业务时间戳、指标数值、指标分组标识 ID 等，为了提升性能，降低客户端的上报代价，支持数据的异步和批量上报。

4. 校验规则方面

支持主要的逻辑和四则运算，以及一些同环比、聚合函数算子，用户可以使用这些算子自行构建校验规则。

- 与、或、非等逻辑类算子。
- 优先级：( )。
- 比较类算子：>、<、>=、<=、=、!=。
- 算术算子：+、−、*、/。
- 环比：rsr；同比：csr。
- 简单聚合函数：sum、avg、count、min、max、std 等。
- 各种数学函数：round、abs、floor、log 等。
- 数据范围选择算子：last、any、all 等。

上述逻辑有些只能应用在单个指标上，有些则可以应用在多个指标上，便于用户进行指标的横向对比、交叉校验等。

总体而言，规则的构建还是基于相对简单的基础算子的，对于一些复杂的处理逻辑，比如数据的复杂聚合、过滤、连接等操作，从 DQC 系统的定位来看，我们并不打算放在规则引擎中来实现。比如你要监控一张 Hive 表里某个字段的 Unique ID 的数量，那么应该先在客户端完成统计，然后将结果数值上报给 DQC 服务器，再配置一条规则：该 ID 的数量和环比不应该出现 20%以上的波动之类。这么做是因为考虑到 DQC 不是一个用来执行大规模复杂计算的引擎，同时，也不适合将各种业务系统的特定业务逻辑深度定制集成进来。

对于规则配置来说，除了配置数据校验的逻辑，还需要考虑数据校验的时机。因为在不同的场景下，什么时候对上报的数据进行检验，需要根据实际情况来决定。比如一条规则如果需要对多个指标进行横向比对，显然需要等到各个指标数据都上报完成才有意义。而单个指标的简单阈值比较规则，为了尽快响应，则应当在上报时立刻触发规则校验更加恰当一些。

所以目前我们支持三种规则校验触发方式，用于适配不同的需求：

- 指标上报时触发。
- 根据 cron 表达式指定时间触发。
- 通过 Rest 接口让用户自主触发。

5. 报警、展示

这部分没有特别多要说的，主要是规则校验发现异常后，后续的报警策略，是立刻报警，还是延迟到工作时间报警，或者仅仅是在用户主动查询时标识出来。报警渠道是短信、邮件，还是消息通知等？

至于数据的展示，就是指标的时间系列数据，以及规则的校验结果序列等，目前我们是独立实现的，以后也可以考虑复用通用可视化系统的能力进行展示。

下图是一个具体的规则的单次校验结果展示。

检验信息

规则名　limit查看详情

规则内容　last(hive.tianhuo_dqc_shell_1.a)

负责人　tianhuo

检验时间　2018-02-26 10:30:03

基准时间　2018-02-25 10:30:00

检验结果　119.0

函数　last(hive.tianhuo_dqc_shell_1.a)　:　119.000000

阈值　规则名称:limit。
检查结果:失败。
规则值:119.000000。
阈值:规则值 >= 100.000000 && 规则值 <= 110.000000。
触发方式:被动check。
校验机器:10.50.189.126。
校验时间:2018-02-26 10:30:03。
基准时间:2018-02-25 10:30:00。

自然停止

设为正常

6. 易用性方面的考虑

如果没有人使用，那么理论上再好的系统也形同虚设。尽管 DQC 规则配置的语法已经很简单了，但是，出于进一步简化 DQC 规则配置的难度，以及避免重复操作的目的，我们针对一些常用的数据指标校验逻辑，也设置了标准的规则模板，便于用户快速构建规则。

此外，前面也提到，数据正确性的校验和具体的业务系统还是有很强的关联性的。而 DQC 作为一个通用的规则校验引擎，却又不太可能为各类业务系统深度定制业务逻辑来适配流程。

以 Hive 任务数据的正确性校验为例，DQC 系统不太可能直接连接 Hive 环境去抽取数据，或者直接运行 HiveQL 语法来完成规则校验工作。

但如果让每一个 Hive 任务的开发者自己去完成数据上报客户端的开发工作，显然也是不太现实的。此外，各种用于抽取 Hive 表格校验用指标数据的脚本，也需要进行统一的管理。

所以，我们的思路是基于 DQC 的服务进行二次开发，针对具体的业务系统的数据校验需求，进行定制化封装。具体实现可以是一个独立的系统，也可以和原业务系统的服务整合集成到一起。一方面是降低终端用户的应用成本，另一方面也可以更好地结合具体的业务逻辑，将一些校验逻辑进行更好的抽象并模板化。

还是以 Hive 任务相关数据为例，常见的需要关注的异常可能包括以下几种。

- 表空间异常：空间不足、增长过快。
- 字段异常：主键有重复，某些字段不允许为 NULL，存在非法数值。
- 业务异常：明细表与汇总表数值不匹配，同口径不同计算途径指标不匹配。
- 推测异常：数据指标波动异常。
- 链路异常：上游数据与下游数据量不一致。

所以针对 Hive 环境进行二次封装，提供更好的编辑和配置环境，统一管理校验用数据抽取脚本和报警配置，显然可以更好地降低用户开发成本，提升系统易用性。可以提供的附加价值包括但不限于：

- 自动替用户完成指标的注册等流程准备工作，降低接入难度和学习门槛。
- 提供基于任务维度而非指标维度的视图，更好地结合业务信息组织展示结果。
- 将前面所说的常见业务逻辑模板化，提升标准 Hive 任务的校验流程开发效率。
- 把数据校验更好地融合到业务开发过程中，比如脚本测试环节，进一步标准化流程，提升开发质量。

下图是我们基于 DQC 开发的，针对 Hive 开发环境，以任务为管理单元、二次封装过的数据质量配置管理后台的部分用户交互页面。

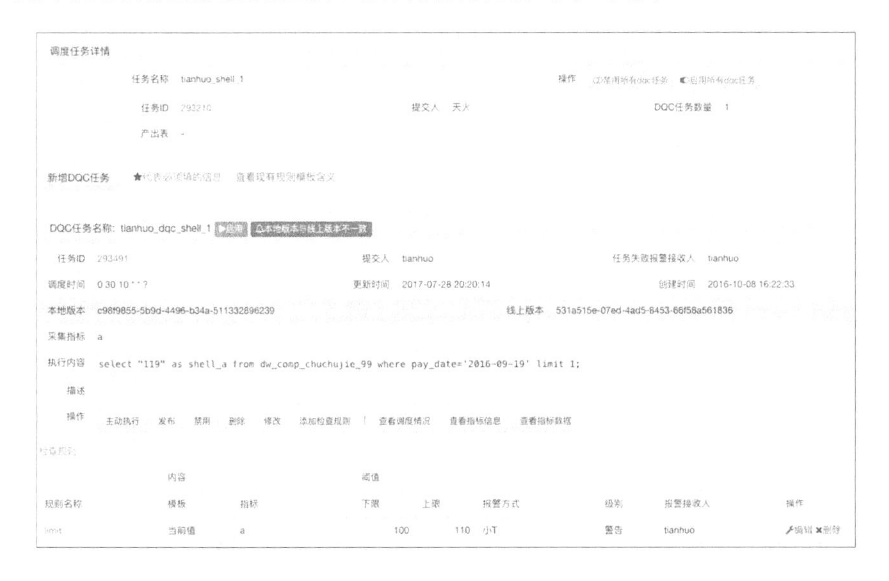

这个服务于 Hive 任务开发的数据质量配置管理后台，目前还是一个独立的系统，从长远来看，需要进一步和开发平台的集成开发环境进行集成，使开发流程和用户交互体验能够更好地融合。

8.3 数据质量管理小结

数据质量管理是一个需要多方参与，系统和流程共同配合才能完成的工作，元数据管理系统和 DQC 数据质量控制中心，在一定程度上，都是因这个目的而存在的。单纯从技术的角度来看，这些系统的实现并没有特别困难的地方。但这件事多数情况下还是很难做好，我想大致的原因在于对数据质量管理工作来说，系统的构建只是冰山一角，要完成这项工作，所涉及的各类工作往往十分琐碎，还需要参与各方的长期配合和坚持，而在这方面投入的时间精力通常又很难起到立竿见影的效果，对业务的发展也不见得有直接或必然的影响。

所以，如果不是数据规模和业务复杂程度达到一定程度，对数据质量问题带来的困扰有切身体会的公司和团队，可能很难把这项工作排上重要议程，而等到问题严重，回过头再来解决时，往往又是一件费力不讨好的苦差事。

所以，要想顺利推进相关工作，在各类相关系统平台的建设过程中，就需要尽可能以降低学习和使用成本为目标，降低质量管理相关工作的代价。同时要努力与业务流程相结合，挖掘和利用相关信息，在保障数据质量的同时，尽可能为业务开发提供更多附加收益，创造更直观可见的价值。只有这样才能提升参与各方的意愿和积极性，保证整体治理工作有效实施。

第 9 章

大数据集群迁移经验谈

大数据集群迁移这件事，不知道有多少同学做过。我说的不是把一个集群的数据备份到另一个集群上，而是整个数据平台，以及与大数据相关的所有集群及业务的迁移工作，从一个机房到另一个机房。

大数据集群迁移的具体范围可能包括：从离线计算集群到实时计算集群；从存储、计算组件，到作业调度、开发平台服务；从底层数据同步到上层业务迁移。要求是不能影响业务，几乎没有停服预算。

但凡玩过大数据平台的同学应该都明白，这一定是一个吃力不讨好，还很容易出现故障的苦差事。不幸的是，这样的苦差事，出于各种各样的原因，最近两年来，我们一共干了三次。而各位读者如果身处一个业务健康发展的公司，类似的事情大概也是逃不掉的。

所以，我打算和大家一起分享在那些不堪回首的岁月里，我们迁移过的集群。以备哪一天你遇上这件事了，也好有所准备，看看哪些工作需要做，以及如何减少故障，让日子不要过得太悲惨。

9.1 集群迁移都要面对哪些麻烦事

要说做这件事有多苦，那得从底层的环境开始向上说起。

9.1.1 集群和机房外部环境问题

历数蘑菇街大数据平台这几年的三次搬迁工作，一次是同城机房搬迁，另外两次是异地机房搬迁。其中一次同城和一次异地，机房间有 10~20GB/s 不等的专线带宽可供使用；另外一次异地搬迁，机房间只有大概 1GB/s 的公网带宽。

需要搬迁的单个集群规模，大概在几百个节点之间，所涉及的集群类型包括 HDFS、HBase 等存储集群，以及 Yarn、Storm、Spark 等计算集群。

具备专线环境的这两次搬迁，基本上集群上的历史数据按单拷贝来算大概 2~3 个 PB，占用 HDFS 集群容量 6~7 个 PB，而集群每日的数据增量规模大概在十几到几十个 TB。

可以粗略估算一下，如果全部历史数据走网络传输，纯粹地拷贝传输动作，平均跑满 10GB/s 带宽的话，大概也要花费二十几天的时间才能拷贝完 2PB 的数据。如果这期间数据拷贝出了问题，那麻烦就大了。而做一次单日的增量拷贝动作，根据数据量变化的不同，也要花费 3~8 个小时的时间。

那么如何在可接受的时间和空间资源内，及时正确地完成数据的同步工作呢？

9.1.2 平台自身组件和服务依赖问题

讲完集群外部环境问题，接下来看看开发平台自身的组件和服务依赖。

蘑菇街的大数据开发平台，自身组件众多，和外部系统也有着千丝万缕的关联。

下面以离线批处理业务流程为例进行说明。

首先，会有数据采集系统负责从各种外部数据源，比如日志、DB、消息队列中，以全量或增量的方式将数据采集到集群中来。

其次，会有调度系统将各种不同类型的作业分发到不同的 Worker 和集群上去执行。而作业的来源包括周期性调度的作业，也包括从开发平台上发起的临时作业，还包括通过我们对外提供的服务接口，由外部业务系统通过程序自动触发的周期或一次性作业。

最后，会有数据交换系统将数据导出到其他各个目标数据源中，比如报表 DB、各种业务 DB、HBase 集群、ES 集群等。

此外，平台的报警监控服务、消息通知服务、元数据管理服务、权限管控服务、数据可视化服务、数据质量监控服务等，往往也是互相依赖的。

实时业务流程和离线业务流程相比，整体链路长度可能会更短，但是和外部系统的关联并不见得更简单，而服务的容错性和对网络带宽延迟等方面的要求往往也会更高一些。

所以，如何保证迁移期间服务的稳定可靠，尽可能减少服务下线或不可用的时间，以及保证各种依赖服务的平滑过渡衔接呢？

9.1.3　业务模式和沟通配合问题

说完服务，接下来说说业务方使用我们服务的模式，又会给迁移工作带来哪些麻烦。

如果所有的业务都由平台完全掌控，事情会好办一些，但作为数据平台基础架构团队，我们的定位是提供平台服务。所以，绝大多数的业务都是由业务方通过我们的服务来自主运行和管理的。那就会存在服务用多用少、用好用坏的问题。

比如，可能某个业务方的一个完整业务链路，一半的流程是和他们自身的业务系统紧耦合的，在他们自己的平台和机器上运行；另一半的流程则零散地通过我们的服务来运行，甚至由于各种各样的原因跳过我们的平台调度体系和服务，直接使用底层的应用接口和集群进行交互。比如，具体的业务逻辑和数据处理逻辑强关联，代码逻辑无法拆分，不能模块化，或者不想重构改造成通过我们的服务接口来处理数据，直接读写 HDFS 或直接提交 MR 任务等。

如果整个流程链路是自封闭的，自产自销也就罢了，坏就坏在这些业务说不定还有一些上下游依赖，需要和其他业务方的作业相串联。更糟糕的是，有时候，这些上下游依赖方并没有意识到对方的存在，再加上互联网公司难免出现的业务变更、组织架构调整、工作交接，遇上这种情况，事情就更加严重了。

遇到这种情况，往往很多业务就需要和具体的业务方配合梳理，或者进行适度的改造才能顺利完成迁移，可是业务方对这类工作一般都是拒绝的。这很容易理解，大家都忙，都希望麻烦越少越好，大数据平台迁移，别拖我们业务方下水啊。这个问题怎么解决呢？也只能动之以情，晓之以公司大义了。

总之，在这种业务环境下，如何降低风险，确保业务在迁移过程中不会出现大的差错，也是一个大问题。

9.1.4　业务逻辑和数据正确性问题

最后是业务逻辑和由此带来的数据正确性问题。迁移，不仅要迁，迁完以后还需要保证业务结果的正确性。

在海量数据的情况下，如何验证数据，这本身已经是一个很棘手的问题了。更糟糕的是，业务方自己都搞不清楚数据是否正确， 甚至同一个作业，在同样的数据集上跑两次，结果却不一样，重跑作业结果也不幂等。再糟糕一点，数据集自身的状态可能也和时间相关，随时可能变化。

所以，你如何验证迁移的结果是正确的？或者有哪些业务是正确的？有多大的概率是正确的？谁能替结果负责？万一某一个业务真的有问题，能不能发现？怎么发现？具体是数据、脚本、集群哪个环节的问题？

9.2　集群搬迁方案的总体目标、原则、流程

所以，由上文可以看出，大数据平台的搬迁工作并不是只“集群”搬迁这么简单，它是一个你“享受”过一次以后，就绝对不想再做一次的苦差事。然而，说这么多并没有什么用，日子再苦也得过不是。接下来，让我来针对上述具体问题，和大家一起探讨一下应对的方式和几次搬迁过程中我们得到的经验教训。

上述问题如何应对，取决于你的目标是什么。一旦决定了目标，为了能够顺利达成目标，也就会有一些原则是不能轻易打破，要时时刻刻遵守的。所以，我们的目标是：

- 整体迁移工作，在一到两个月的周期内完成。
- 迁移期间，大数据平台的各种服务不能长时间下线（最多是小时级别），不能对公司业务造成影响。
- 必须确保迁移完成后，核心业务的正确性，不能靠运气，要有足够可靠的验证手段和数据。
- 对于和外部系统重度耦合的业务，需要给业务方足够的时间、正确的环境和过渡手段分批逐步迁移。
- 在迁移过程中，尽可能做到对多数业务方透明，减少需要业务方配合的工作。

那么，原则有哪些呢？

- 一切迁移工作和步骤，不以难易为标准，以不对线上业务造成影响为标准。
- 凡是可能出错、不能一步做到位的环节，必须要有事前验证测试的手段。
- 只要能够双跑的环节就双跑，宁可花费更多的精力准备并行方案，也不能寄希望于一切顺利。
- 具体的双跑方案，要确保与最终完成迁移、停止双跑后的流程最大限度地保持一致，减少切换带来的变数。
- 不做一锤子买卖，直到完成集群切换，数据和业务正确性验证完毕，正

式开始对用户提供服务之前，都要给自己留下后路，坚决不做任何不可逆的操作。

- 关于过程和步骤，能自动化的自动化，不能自动化的也要明确地文档化和标准化，不能依靠临场随机应变。

你可能会说，这些不是废话吗，这是必须做到的呀。是的，如果只是站着说说，那的确如此。

但是当你真正面对这项棘手的工作的时候，就随时都有可能把这些目标原则抛在脑后。毕竟，没有人想要主动给自己找麻烦，所以，这个时候你只有时刻告诫自己，如果不这么做，一旦出了问题只会更加麻烦。

要在预期的时间范围内，风险和代价可控地完成迁移的工作，只靠跨机房网络这点带宽进行同步肯定是不现实的。所以，我们的整体迁移流程大致如下。

- 分离历史数据，在源机房内部搭建中转集群，先做一次历史大全量数据的拷贝工作，受数据量规模限制，只同步那些确定不经常变更的数据，然后下线中转集群，物理搬迁到目标机房，再次上线同步到目标集群中。
- 在历史数据同步过程中，在目标机房搭建数据平台的全套集群和服务，逐个验证各个服务功能的正确性。
- 完成初始的大全量数据拷贝工作后，开始通过网络实施若干轮阶段性小全量数据拷贝工作，目标是将数据同步时间逐步缩短到当天能同步完成截止前一天为止的数据（因为第一轮全量拷贝的同步周期会比较长，期间集群新增的数据无法在一天内通过网络完成拷贝）。
- 使用实际的历史数据验证集群服务和性能。
- 开始集群每日增量数据同步工作，同时，同步各种数据平台服务自身的元数据信息和作业脚本信息，开启作业双跑流程。
- 每日核心作业双跑完毕后，对比两边平台的产出结果，排查问题，若存在问题则修复，并继续下一轮双跑工作。如此循环，直到结果验证满意为止。
- 正式切换各种对外服务的域名、接口、数据库等到新机房，完成主要链路的迁移工作。

- 切换完毕后，保留原平台整体业务按既有逻辑运转一段时间，给部分因为各种原因无法双跑或立刻切换的业务留下分批迁移的时间窗口。

上述方案，主要描述的是偏离线批处理业务的迁移流程，实时类业务，由于从业务逻辑的角度来看，往往无法在统一的时间点上整体切换，所以更加强调分批双跑的流程。具体的迁移工作，往往也需要业务方根据自己的业务情况参与配合，因此流程上有些环节需要具体业务具体讨论，这里就不再详细阐述。

回过头来说，蘑菇街之所以能采用这种前期历史数据同步，后期增量基础上加全局双跑和全局验证并同步切换的方案，本质上还是因为其增量数据能够做到在相对短的时间内及时完成同步。

如果数据量进一步扩大，当天的全部增量数据的同步无法及时通过网络进行同步，那就需要考虑按业务的维度，进一步细分集群业务，在相当长的一段时间范围内，分批逐步迁移同步数据和任务了。在这种场景下，系统需要根据搬迁的需求，从业务流程、作业调度、数据分发等角度进行更加深入的定制化改造，整体方案也就完全两样了。不过相信多数读者应该不会面对这样的场景。对这种场景有兴趣的同学，可以自行百度一下腾讯在这方面曾经做过的工作。

9.3　一些具体问题的分析和实践

9.3.1　如何保证正确性

你要问迁移工作中哪部分工作最难？ 我可以很负责任地告诉你，不是海量数据的同步，也不是服务的搭建，甚至也不是与各种关联业务方无止境的沟通工作。实际上，上述工作尽管工作量很大，但只要花时间，总是能做好的。而最难也最容易被轻视的，是你如何确保迁移完毕后，作业运行结果的正确性。

你可能会想，这还不简单，前面不都说了两边机房同步进行作业的双跑吗？那第二天比较作业运行的结果数据就好了，如果哪里不对，就查问题，查到对为止。理论上可以这样操作，但实际情况并没有那么简单。暂且放下怎么比较结果不提，先让我们来看看结果真的可以用来比较吗？

1. 数据验证具体难在哪里

首先，双跑结果可以比较验证的前提是数据源是一致的，但数据源往往做不到一致。

先来看看数据平台是如何采集外部数据的？数据平台的上游数据源有很多，但主要的来源是 DB 和日志，这两种数据源根据业务场景不同，会有不同的采集方式。比如日志可能通过客户端 Agent 采集后，先写入 Kafka 消息队列，然后消费和解析写入 Hive。而 DB 一方面可以通过 Binlog 采集进入消息队列，走日志类似的流程进行消费；另一方面也可以直接连接 DB，定时按一定的业务逻辑扫描源表后写入数据平台。采用哪种方式取决于数据量的大小、业务的更新模式等。

所以，问题来了，这些数据源是会随着时间变化的，什么时候执行这些数据采集任务的作业逻辑呢？任务执行的时间不同，采集到的结果就不一样，而两边集群具体某个任务的实际运行时间，受集群资源和前序任务运行时间等随机因素的干扰，是无法精确控制的。

那么通过数据源里的信息的时间戳信息来判断可不可以呢？某一些业务场景下可行，但也有一些业务场景下并不可行，主要有三个问题：

- 部分数据源的采集逻辑里没有可以用来进行精确地更新时间判断的信息（不要问我为什么，DB 设计、业务逻辑、历史遗留问题等都有可能）。
- 用户自定义的清洗脚本逻辑，自认为对具体的时间信息不敏感，或者没有意识到会对业务流程造成影响，因此没有数据时间筛选等逻辑。
- 流程中做了数据的时间筛选判断，但客户端会有晚到的数据、会有时间错误的数据，前置链路会有延迟的情况发生等。

其次，同样的数据源，双跑的结果一致，还有一个要求是作业运行逻辑是幂等的。所谓幂等，这里包含了两层意思：一是只要输入源一致，作业每次运行的结果都应该是一样的；二是重跑等情况对结果没有影响。

但实际情况也并不理想，不少作业的逻辑并不是幂等的，运行两次的结果不能保证一致，在一个集群上跑尚且如此，若在两边集群分别运行，那就更加无法保证结果了。

为什么会出现非幂等作业的情况？举一个例子，比如有些作业逻辑先对数据进行排序，然后 Limit 取部分值，而排序用的字段组合并非唯一标识一行数据的。也就是说，在分布式计算的场景下，排序的结果顺序可能是随机的。再比如，脚本运行的逻辑是把上游的增量数据写入下游的全量表中，如果因为各种原因执行了两次，那就会写入两份数据等。

虽然实际上这些差异对作业的业务逻辑结果的正确性不一定有很大影响，否则任务的开发同学早就需要解决这些问题了。比如凌晨时段，客户端由于网络延迟之类的原因，晚到的流量统计数据是应该算到昨天的 PV 统计中，还是今天的 PV 统计中呢？如果不做具体用户的定向分析，统计到哪一天或许就不是特别重要。因为如果每天都有大概相等的偏移数据，最后的结果是数据的量级基本就补偿上了。

但是这对双跑结果的精确验证却带来了不小的麻烦，我们平台上每天跑上万个任务，产出几千张结果表，虽然自身存在幂等或随机问题的作业比例不会很高，但是经过作业的数据依赖传导以后，这些作业的产出可能会对下游的大批作业都造成影响。那么如果几千张结果表的数据全都不一样（虽然差异有大有小)，你又如何判断平台迁移结果的正确性？显然你不可能去挨个人工分析每张表数据不一致的原因。

这时候，你可以对自己有信心，相信只要集群服务是正确的，就可以了，管它结果如何呢，一定都是上述原因造成的，无伤大雅。

说实话，这的确是一种解决方案。前提是你的业务方认可，领导也认可。问题在于，你如何说服他们相信集群服务是正确的。必须用数据说话，可是数据都不一样。你说差异是正常的，是由业务逻辑造成的，但是有差异的部分，业务方会替你背书吗？我看不太可能，而你自己，说实话，也未必真的心里踏实。

2. 可以采取的措施

所以，要降低风险，就必须尽可能地减少这两者的干扰。实际上，我们前期做的大量准备工作都是围绕这个目标进行的，在具体方案的几次迁移过程中，也采用过不同的措施，大致包括：

- 数据源部分不双跑，单边跑完，同步，再开始双跑（然而，这样做一来违反了双跑和正式切换流程尽可能一致的原则；二来双跑流程会变得冗长，影响正常业务和实施验证的时间点，最近一次迁移放弃了这种方案）。
- 提前梳理非幂等脚本，逻辑上能够修复的就进行修复。
- 日志采集链路，采用双跑但是由源端单边判断和控制偏移量进度，确保两边数据的读取范围完全一致。
- 在 DB 链路上，适当调整运行时间，尽量规避由于链路延迟、业务更新等造成的数据晚到、变更的情况。

通过这些手段，减少源头数据的差异和计算过程的随机性，最终我们能够做到主要链路的数千张表格 90%左右的验证结果完全一致，无须人工判断，99%的表格的差异比例在 0.1%以下。这样一来，就只需要重点人工检查极少量差异较大的数据的结果和任务逻辑，以及部分核心关键表格的具体数值，从而加快了结果验证的效率和可靠性。

3. 我们具体采用的验证比较方式

最后再来说一下如何比较结果数据。

首先，结果数据分为两类，一类是在集群上的数据，主要以 Hive 表为主。另一类是导出到外部数据源的数据，以 DB 为主，也有 ES 和 HBase 等。

你会说，一条一条地对比就好了。但问题是，如何确定哪一条数据和哪一条数据进行对比。靠排序吗？怎么排序？一方面，你不可能为几千张表都单独构建排序和比较逻辑；另一方面，对于海量的数据，你是否有足够的计算和存储资源进行排序和比较？你是否可以承担相应的代价？

要确定哪条数据对比哪条数据，针对 DB 中的数据，我们的做法是先拼合所有我们认为可能区别一行数据的字段，对两边的表进行 Join，然后根据 Join 后的结果进行值的比对。这种做法并不完全精确，因为无法保证拼合用的字段就一定构成 Unqiue Key，能够唯一标识每一行数据。所以，在少数情况下，还是可能造成错位比较数据，将实际结果正确的表格误判为结果不匹配。

而对于集群上的海量 Hive 数据来说，对于这种操作，计算和存储代价都是无法接受的。所以，集群上的 Hive 表，我们只统计数据的条数和尺寸大小，你说这样做会不会风险太大？其实还好，理论上，只要比较最终导出到 DB 的业务数据就可以了，毕竟下游数据如果一致，上游数据也应该是一致的，之所以 Count Hive 表中的数据量大小，主要是为了方便溯源查找问题，同时快速判断整体的差异情况。

最后，这些工作要执行得顺利，还需要尽可能地自动化，要让比较结果便于人工解读。所以在实际操作中，我们还会自动将比较的结果格式化地导入可视化平台的报表中，这样，业务方可以通过各种条件，过滤和筛选比较结果，便于快速定位问题。 总之，一切都是为了提高验证效率，加快验证速度，给问题修复、双跑迭代和正式切换工作留出更充裕的时间。

9.3.2　集群数据同步拷贝方案

大数据平台的搬迁，需要同步的数据源很多，包括 HDFS、HBase、DB。这里面有业务数据，也有各种服务和系统自身需要的配置、任务、元数据、历史记录等信息。

这里主要讨论一下 HDFS 集群数据的拷贝同步，毕竟这是同步工作中占比最大，也最麻烦的部分。

如何在两个集群间同步 HDFS 集群数据，显然，不能在硬盘物理文件的层面进行简单的拷贝。因为集群上的数据是持续变化的，而且，还有元数据的映射关系要处理。

了解 HDFS 集群运维的同学应该都知道，HDFS 集群自身提供了一个 distcp 工具来做集群间的数据拷贝工作。但是，真正用这个工具实践过整个集群规模的数据拷贝工作的同学，估计就凤毛麟角了。为什么这么说，因为这个工具有很大的局限性。无论查询谷歌还是 Stack Overflow，或是邮件列表，你几乎都看不到用这个工具进行大规模集群搬迁的实际案例。

所以，distcp 工具最大的问题是什么？ 它最大的问题是慢！ 不是拷贝文件速度慢，而是拷贝任务的启动速度和收尾速度慢！

至于为什么慢，就要来看看 distcp 的工作原理和流程了。

distcp 在执行拷贝工作前，会先根据指定的目录路径比较两边集群的文件状态，生成需要新增、修改、删除的文件列表内容，这个过程包括遍历目录树，以及比较文件元数据信息（比如时间戳、尺寸、CRC 校验值等）。生成的结果提交 MR 任务执行，当数据全部拷贝完成以后，还要执行结果校验、元数据信息同步之类的工作。同步哪些元数据信息取决于执行 distcp 时指定的参数，比如文件 owner、权限、时间戳、拷贝数等。在通常情况下，做集群迁移工作，这些信息都是要同步的。

在 distcp 的执行流程中，开始和收尾的很多步骤都是单机执行的。所以当集群的规模大到一定程度的时候，比如我们集群 PB 级别的容量、亿级别的文件对象，这两步动作就会变得异常缓慢。在我们的集群中，往往需要两三个小时的启动和收尾时间。这还是在一些步骤社区已经打过多线程补丁，仔细地调优过参数配置以后，否则在这种集群规模下，甚至会需要 4~8 个小时的任务启动时间。

所以，用 distcp 来做历史全量数据的同步问题不大，但是要在数据增量同步阶段进行快速同步迭代就比较困难了。而我们的目标是做到最大限度地不影响线上业务，那么同步流程就会希望做到尽可能快速地迭代，最后一轮增量同步动作加上各种 DB 元数据同步和准备工作，必须在一个小时内完成。

为了达到这个目标，我们参考 distcp 的代码，自己开发了数据同步拷贝的工具，主要针对 distcp 的问题，将一些单机执行的流程进行调整，分散到 Map 任务阶段中并行执行，同时调整和简化了同步过程中的一些工作步骤。比如拷贝完成后的 CRC 校验，由于出错的概率非常低，万一拷贝出错了，下一轮同步的时候覆盖掉或者再同步一次就好了。这样准备和收尾时间可以做到只需要半小时就能完成。整体一轮增量同步所需时间，在最后一轮增量数据较少的情况下，可以满足一小时内完成的目标。

实际的同步工作，我们前期通过 distcp 完成了历史数据的同步，后续集群范围的增量数据同步，通过自己开发的这个工具定时自动循环执行来完成。而如果有临时的小范围的数据拷贝动作，则还是通过 distcp 工具来完成，因为我们的同步工具，为了加快速度，优化流程和业务逻辑设计得比较固定。

当然，除了上面说的迭代速度问题，数据同步工作中还有很多其他问题要考虑，比如：

- 有些数据是不需要/不能同步的，所以需要过滤掉。
- 数据拷贝过程中源头数据发生了变化怎么办？实际上 distcp 后期的版本还提供了基于集群 Snapshot 来拷贝和验证的机制，我们其中一次迁移使用过这个机制，但也有很多具体问题需要解决。
- 出于各种原因，在一些场景下，我们需要获取集群文件比较的差异信息，比如汇总和明细，来做同步任务工作的决策。

总的来说，数据同步工作的难点在于及时、准确和文件状态的可控可比较。这三点做得好不好，对整体迁移流程的顺利进行和结果的验证，影响还是很大的。

9.3.3　各种无法双跑的业务场景梳理

要想处理无法双跑的业务，首先，你要找到哪些业务不能双跑。问业务方是不行的，因为可能业务方自己也不清楚，在多数情况下，要靠你的经验判断，以及反复的沟通去推动梳理。

举几个在我们的场景下无法或者不宜双跑的例子：

- 大量不受我们自己管辖的数据源，具体管辖的业务方没有时间、精力或资源搭建双跑用数据源的。可能的原因包括没那么多可用机器、其他数据源写入、相关业务需要修改代码等。
- 一些服务或作业双跑会干扰线上业务的。比如监控报警相关业务，如果按流程跑，双跑过程中无效的报警或双份的报警都不是业务方希望看到的。虽然可以通过临时 Hack 一些流程来解决，但是代价就比较高了。
- 双跑会对一些系统造成无法承受的资源压力。比如网络带宽、服务负载。
- 业务整体流程中的部分链路在我们的大数据平台中，双跑这部分业务链路会造成整体业务逻辑错误的。

此外，还有一些业务场景可能需要修改以后才能支持双跑，比如从消息队列读取数据，如果不修改消息组 ID 信息，双跑的业务就会在同一份数据中各自读取部分数据，造成两边结果都是错误的。类似的会出问题的地方可能还有很多，一不留神都是陷阱啊。

至于无法双跑的业务场景，如果发现了，具体如何处理反倒可能没有那么难，总能找到临时解决方案。最起码，可以在目标集群禁掉部分业务，不要双跑，依靠其他手段提前验证，确保流程的正确性，集群切换完再把这部分业务单独切换过去。

9.4 小结

大数据平台和集群的搬迁工作，绝对不仅仅是集群数据拷贝这么简单，虽然实际上，在海量数据场景下，数据拷贝也并不简单。更难的是，作为一个开放的服务平台，大数据平台的系统组件众多，上下游依赖关系错综复杂，业务逻辑不完全受你控制，外部系统的方案和决策往往也不受你左右。而平台上运行的业务，周边环境等又在持续变化中，可能出错的环节实在太多了。

所以，在这种情况下进行集群搬迁工作，请务必坚守我们所提到的原则：

- 坚决不做任何不可逆转的操作。
- 凡事宁可麻烦一些，也要给自己留条退路。
- 尽可能让所有的步骤、流程自动化和标准化。
- 让系统状态透明化，便于及时发现问题。
- 做好犯错的准备，提前想好补救手段。

生活总是如此艰辛，还是只有搬迁时是这样？总是如此！祝各位搬迁顺利。

第 10 章

谈谈大数据码农的职业发展问题

笔者从事软件开发相关领域的工作，从毕业开始到撰写本书，大概也有十几年的时间了。虽然不能说时间太长，但是也经历过从底层 Kernel 驱动到操作系统中间件，从单机应用到分布式计算等多个领域的开发工作。

在这期间，有幸与众多优秀的同事共过事，瞻仰过大神，也见过许多对工作不得要领的同学。这么多年的工作经历，让我深深体会到，想要在一个领域有所建树，天生的能力固然重要，但对绝大多数人和绝大多数工作来说，还到不了需要拼天赋的阶段。实际上，从长期来看，正确的方法论和价值观才是更加重要的因素。对于大数据平台开发领域来说，同样如此。

此外，大数据领域的技术发展日新月异，不管是从别的领域转入大数据领域，还是在大数据领域内选择不同的方向，许多工作不久的同学肯定也会有学什么好、什么岗位和职业有前途的困惑。而一些像我这样人到中年的一代，又会面临职业危机的困扰，说到底，都是如何选择的问题。

所以，本章主要先从方法论和价值观的角度，结合我这些年有限的经验，谈谈大数据码农的自我修养问题，然后就个人理解谈谈如何看待工作和职业的选择问题。

10.1 如何成为一名糟糕的大数据平台工程师

幸福的家庭都是一样的，不幸的家庭各有各的不幸。

本来想从如何成为一名优秀的大数据平台开发工程师的角度入手，但仔细想了一下，从这个角度入手的话，这个话题就太简单了！虽然我没有被诸如 Jeff Dean 之类的大神附体，也不好意思自认为有资格指点江山。但是，讲道理这件事，谁不会呢？

好比，炒股票，不就是低买高抛吗？玩互联网，不就是拉流量变现吗？

而要想成为一名优秀的大数据平台开发工程师，只要做到深度与广度并重，钻研技术、理解产品、能搭架构、能解 Bug，那就妥妥的了。

既然道理如此简单，还需要多解释吗？而我们，大概不是轻松地碾压了巴菲特，就是早已经顺利地在风口起飞了！

是的，优秀的人都是类似的，说起来就太过无聊了。所以，本节就换一个角度，聊聊如何做到不那么优秀，要想成为一名糟糕的开发工程师都需要有哪些表现。

10.1.1 我是小白我怕谁

要想成为一名糟糕的大数据平台开发工程师，首先你得干上这行，怎么入门不重要，重要的是自我修养要从入门抓起。

大数据开发如何入门？在各种论坛或技术会议中，时不时地会有人问起这个问题。而提问者的问法往往也很类似：对大数据开发很感兴趣，想学大数据，但不知道该怎么入门？应该学些什么呢？

每每面对如此切中要害的问题，我总会有一种无比喜悦，乃至脱力的感觉。是的，真正感兴趣的同学，一定是激情澎湃，迫不及待地爱上了大数据。调研工作？没有的事，那不是真的热爱，也不会问出如此粗犷而又犀利的问题。

对于这个问题，我也总能估计到提问者的预期答案。应该包括一串技能清单，以及回答问题者自身的成功实践示范：先看什么书，再学什么课程，然后搭建一个什么系统。最好列一个完整的学习计划和清单，要是还有各种职位需求的市场调研和薪资待遇的统计分析那就更完美了。

所以，我会怀疑这些人是真的有兴趣，还是无脑跟风热点，又或者是学习能力和做事方法有问题吗？不会，我只会认为，这些人简直太好学了。

至于搞清楚自己到底喜欢什么，为什么喜欢，很重要吗？让专家来替自己做主，直接告诉自己该学什么，效率岂不是更高？

10.1.2 敏而好学，不耻下问

学什么的问题解决了，下面来解决怎么学的问题。

遇到问题前先思考一下，看一下文档，读点代码，分析一下日志？不存在的。都什么年代了，社交为王。微信里加了这么多大数据群组干吗用的？“讨论”问题啊！“敏”而好学，快就一个字！

要是有人胆敢拿出“如何问一个好问题”这样的垃圾文章出来敷衍这样好学的同学，那就是傲骄。往往会被这位同学反驳：问一下不可以吗？你懂还是不懂？懂就回答，不懂就不要胡说！古人云：不耻下问，你能有回答的机会就是你的荣幸！

那么，如果想在这个领域长期耕耘下去，这样做靠不靠谱呢？据说大数据平台相关开发工作，面对的问题往往是复杂的，需要从业人员具备良好的学习总结和推理分析能力。如果不具备主动学习和思考的习惯，听说也就几乎不可能成为这个领域的专家？

在这些同学看来，这种言论简直就是妖言惑众。事实胜于雄辩，明明有好多公司，有很多同学，在日常工作中就是这么做的。他们也搭过集群，复制粘贴过代码，写过 ETL 程序，遇上过“特别复杂”的难题，比如集群莫名其妙起不来了之类的，百度一下专家推荐的配置参数或者搜索一下出错信息就搞定了，还经常写点“我司数据平台的踩坑经验和实战的分享”，你就说牛不牛吧！

什么？这种情况长久不了，这类工作迟早会被替代，尤其是在偏底层的基础平台开发工作环境中？那得多久的将来啊？至于 AWS 和阿里云平台上的标准化服务，没听过，我们要有自主知识产权啊！

10.1.3　效率优先，中文至上

能百度就不谷歌；能找到不知道谁写的搭建笔记，就坚决不读官网的向导文章。要是还有手把手的教学视频，那就更好了。

集群如何调优？问题如何解决？根据错误信息，搜索踩坑指南，别管花多少时间，在多么不起眼的博客也要搜出来。至于官网的问题 FAQ 或性能调优指南，抱歉，没时间看。至于邮件列表和 Jira，那是什么东西？

怎么，这么做不行吗？有些同学可能回答，这也没啥大不了，不是看不懂英文，但是还是更习惯看中文，如果不到山穷水尽，能用中文就用中文呗。

或许你总能给自己找到这么做的充分理由，但除非你想永远玩别人早就玩剩下的东西，否则，还是应该尽可能接触第一手资讯。觉得英语水平差，看英文文档代价很高吗？实际上，筛选过时或错误信息的代价可能更高。

10.1.4　流行的就是最好的

什么技术热门就学什么，不管自己行不行，先看赚不赚钱。

这种现象不只在大数据领域存在，在各个技术领域都存在，从这几年我所接触的求职者的求职意愿上就能很明显地看出来。

无论校招还是社招，无论是刚从别的方向转行想做大数据，还是在大数据领域内已经有过一些简单业务开发经验的同学，几乎 90%以上的应聘者都会把自己将来的工作和实时计算挂上钩，越是“初生牛犊”越是积极。可不，不玩 Spark，不玩 Flink，还怎么跟上时代，大家都说 Hadoop 已经被淘汰了！

而在 985 等院校的应届生中，这几年把技能点和求职方向放在算法和机器学习相关领域的同学数量更是大幅上升。决策树、向量机、贝叶斯、xNN、天池竞赛，哪个没玩过都不好意思投简历。而在大数据生态系中的底层存储计算组件及分布式原理架构等相关领域，有过深入学习或实践的同学数量则明显呈下降趋势。

这也很容易理解，一方面机器学习和人工智能这一两年来风头正劲，Alpha Go 赚足了眼球。另一方面，学习算法的门槛很低，即使没有实际工程环境，实践起来也相对容易，看一下 NG 的公开课、做几个算法 Demo、参加两个比赛，大多数理论知识也就能说个七七八八，还有满地的 AI 公众号、AI 速成培训班等（早几年则是各种大数据公众号和速成班，更早的则是 Java/Spring 之类），用不了几个月的时间，就能“略有小成”了。

而大数据平台的开发工作，属于偏底层工程技术的领域，如果没有合适的实践环境，多数同学想依靠看论文、读代码真正入门其实难度还是不小的。事实上，这两年也很少有同学愿意花时间这么去做，即使是大学中相关实验室的项目，通常也偏理论研究，和现实问题相距甚远，所以不少同学的实际动手能力堪忧。而能靠参与开源项目进阶的同学更是凤毛麟角了。多数在中小公司实习的同学，也就是用开源组件搭一个 ETL 框架、写一下 SQL、做做日志统计之类的工作。

当然，这没有贬低算法工程师的意思，事实上，优秀的算法工程师永远都是匮乏的，但和早几年的大数据一样，机器学习目前正处于技术成熟度曲线的第二个阶段，即期望膨胀阶段，有大量的人群拥入，加上早期具备相关知识的人也比较缺乏，所以蹭热点的同学，不管实际能力如何，就业情况也还不错。

不过，现在这个领域也开始向第三个阶段迈进，人员开始沉淀，简单工作开始标准化，对从业人员的要求也逐渐提高。不信，你去了解一下这两年阿里系招聘算法工程师的标准和待遇的变化，或者看看谷歌发布的通过 AI 自主训练算法模型的 AI 产品。

而大数据平台开发工作，在当前阶段，基本就属于速成的同学很难进一步发展的阶段，因为这个领域的部分基础设施，已经差不多渡过谷底阶段，来到爬升甚至稳定阶段了，简单的工作很快都要被成熟的服务或解决方案所替代。不具备进入下一个阶段的能力的同学，就业和成长的空间会越来越窄。

说这么多，其实只是想说，蹭热点本身问题不大，不过要想长期发展，关键是你本身也要具备相应的实力，大家都想做的事，你凭什么能比得过别人，就算现在没问题，过几年等该领域成熟了呢？与其研究哪里是热点，不如想想自己适合做什么样的工作，如何让自己在技术的变革中持续成长。

10.1.5　我们的征途，是星辰大海

也有同学会说，我并不是跟风追热点，只是当前的工作真的不适合我，我希望去做更有价值、更有挑战的事。为什么现在的工作不合适呢？ 比如：

- 业务太烦，琐事太多，没有时间学习。
- 干了很长时间，重复劳动，没有成长的空间。
- 系统很成熟了，没有什么可做的了。
- 做的事没挑战，发挥不出我的能力。
- 做的事太普通，觉得没前途。
- 问题太多，团队技术水平太差。

总之，就是我行，但是，这事不行、环境不行，所以我要换方向、我要换地方。

诚然，上述情况未必不客观，很可能也是这些同学在工作过程中的真实感受。但我敢说，如果这就是全部原因，那么，有一多半问题的根源不在环境，

而在我们自身。因为上述情况只是问题和现象，不是答案和原因。

- 琐事太多，重复劳动太多？有没有思考过如何化繁为简，还是只会用体力劳动代替脑力劳动？
- 系统成熟，没什么可做的？是系统真的完美无瑕了，还是我们坐井观天，眼界太低，不知道该如何改进？
- 做的事没挑战，做的事太普通？是事情本身太普通，还是做事的目标和方法太普通？
- 问题太多？是同事能力太差，还是自己只会头痛医头，解决问题不彻底，又或者是没有能力推进复杂问题的解决？

当然，每个人都希望在一个最好的环境中工作，这并没有错，但如果你只是单纯地回避问题，而未曾解决过这些问题，那么在新的环境中，你早晚还是会遇上同样的问题。

10.1.6 书中自有颜如玉，热衷阅读代码

有些同学，特别是经常和开源相关组件打交道的同学，会特别喜欢阅读代码。

阅读代码，当然没错，说实话，爱读代码的同学现在也不好找了。而且由于大数据环境下的底层组件在代码、流程和并发逻辑上的复杂性，再加上上层业务繁多，关系复杂，所以再成熟的系统，在生产过程中难免也会遇上各种各样的疑难问题。如果还要做性能优化，那更需要对系统有深入的了解。所以不愿意看代码，只依靠百度的同学一定做不好相关工作。

但是，过犹不及，毕竟阅读和熟悉代码只是手段，而非最终目的。遗憾的是，有时候，很多同学往往并没有认识到这一点。

曾经有个同学特别喜欢阅读某个开源组件的代码，而且非常愿意把代码的阅读理解写成文档，发表在博客上。这本身并非坏事，你甚至会觉得这简直太好学了，但事实并非如此。

一来，这位同学的博客写的基本都是代码微观层面的流程理解，比如：要做一件事，是怎么做到的呢？你看，代码是这样的。缺乏更高层的抽象归纳，需不需要这样做，为什么这样做，背后的思想是什么，有没有更好的方式等。

二来，他看代码的过程对日常工作往往没有帮助。比如遇到业务出错、任务运行缓慢、集群不稳定之类的问题，要么觉得都是小问题，不屑一顾；要么就只会照本宣科，你看代码逻辑是这样的，遇到这种场景就是这种现象。而几乎不会思考在这样的场景下，就算代码本身没有 Bug，逻辑是不是合理，可以怎么改良，能否有其他方式规避等。

而且最重要的还是思想认识，总觉得代码读得多就很厉害了。这不，博客文档有人点赞，还能给社区贡献代码。虽然大多 patch 都是哪里文档错误，哪个参数默认设置有问题，哪个逻辑或代码分支流程有缺失之类的补丁。至于工作没做好，那是这个工作太简单，不适合自己，发挥不了自己的能力，从来不认为是自己没有真正具备解决问题的能力。所以，这位同学后来另谋高就了，而我一点都不觉得可惜。

这里我纯粹就事论事，也真心希望这位同学在将来的工作中也能慢慢意识到这一点。

你可能会说，这只是一个极端的例子，多数同学还是会针对问题和工作内容来学习代码的，但我依然认为有些同学代码看得过多了。

比如在还没有梳理清楚问题的核心矛盾是什么，以及可选的方案的优缺点之前，喜欢阅读代码的同学可能就会将大量的时间投入到代码的深度阅读中去，总觉得多读点代码没有坏处。

这些同学未必不明白全局评估的重要性，但是他们很可能惯性地认为，只有依靠完全彻底地理解代码，才能得到第一手资料，才能更好地评估实施方案。

而事实上往往事与愿违，一方面，你可能迷失在一些无关痛痒的局部细节上；另一方面，你可能忽视了真正需要尽早找出答案的问题。

实际上，这也是一种用战术上的勤快来掩盖战略上的懒惰的行为表现。因为阅读代码可能是程序员最习惯做的事。但是，采用其他可能的方式去评估或熟悉一个未知的系统呢？

比如详细阅读官方文档，进行功能验证和 Demo 测试，对类似系统进行横向比较，收集他人踩坑经验，寻找问题的其他可能解决途径等，这些工作往往有可能更加快速全面地帮你了解一个系统，并做出合理的方案设计。但是这么做会涉及持续的思考、分析、判断和尝试的过程，所以有时候很多同学往往不愿意在这上面多费力气。

10.1.7 谜之问题的谜之解决方式

相比阅读代码的执着，很多同学在分析问题时的表现却往往与之相反。

分布式环境下的问题往往错综复杂，如果一个问题不是明显的确定性逻辑错误，而是跑得慢、性能差、莫名其妙地随机崩溃、超时等，不少同学很容易就快速陷入迷茫中。而为了将自己从迷茫中挣脱出来，往往会在问题排查过程中，轻易地将某些故障的现象归结为故障的原因，进而以治标不治本的方式来解决问题。

比如发现程序崩溃、跑得慢，或者存在 GC 垃圾回收或 OOM 内存不足的现象，就去调大内存或 GC 配置参数。至于什么原因导致 GC，什么情况会发生 GC，谁在使用内存，合不合理，程序逻辑有 Bug 吗？就不想分析或不会分析了，简单地归因为数据量变大、数据可能倾斜等。

再比如发现程序失败是因为某些方法调用过程超时，那就调大并发线程数、调大服务超时时间参数、增加机器资源等。至于为什么偏偏这时候超时，超时的现象合不合理？抱歉，现象无法复现，日志信息不足，分析不出来。

总之，看起来就是谜之问题，经过谜之自信地推理，得到一个谜之解决方案，就算治标，上述参数该怎么调、调多少，调完以后能不能有效，也是谜之结果。

而做得好一点的代码流派的同学则可能在排查问题过程中，发现一个 Error 或 Warning 日志，还会去阅读相关的代码，最后花几天时间阅读完代码，可能分析出了什么流程会打印出这个 Error 日志，但却不知道或者解释不了为什么当时程序会走到这个流程，同样也就排查不下去了。

上述情况，通常还是方法论问题，不知道如何把握问题的重点，在问题自身信息尚未收集清楚的时候，就过早地聚焦在某个收益未知的现象上。而对于进一步的动作，比如：

- 质疑问题，考证现象，现有的结论是否站得住脚，是否还有疑点。
- 能否再多方面收集一些信息，或者换一个角度，尝试用别的方式分析问题。
- 能否想办法复现问题，或者学习新的技能解锁进一步分析问题的能力。
- 能否改进日志，争取下一次问题出现时能收集到更多信息。
- 在自以为修复问题后，能否针对性地进行后续的监控分析，看看是否真的解决了问题。

在类似这些工作方面，往往就没有表现出应有的执着了。

你可能要问，那我怎么知道信息收集完整了没有呢？这固然需要你对系统的了解和过往的经验。但其实，在多数情况下，你只需要将问题的现象（结果）和你怀疑的原因进行充分的因果对照，就能避免过早地陷入一个错误的方向。你需要做的就是问自己三个问题。

第一个问题：历史分析，由果推因。如果问题的出现是由于这个原因，那么之前没有出现这个问题的时候，这个原因存在吗？

第二个问题：当前现状，由因推果。如果这个原因会导致这个问题，那么还会导致其他问题吗？那些问题是否存在？

这两个问题检验因果之间的相关性，就是因果关系要进行正反论证，而不仅仅是单方面推理。但这有时候还不够，你还需要问第三个问题来验证因果性自身。

第三个问题：这个原因是源头吗？还是只是一个和问题强相关的共生现象？

这个问题有时候不太好回答，也没有固定的套路来排查，但如果对于这个原因本身你并没有找到一个明确的变更点，那无论它有多么的强相关，也不要过早地认为它就是根源。

总之，事出必有因，在排查问题的过程中，你要针对的是疑点，哪里解释不通，就针对哪里收集信息。这并不是说你不能去猜想可能的原因，不能快速地做决定，但猜想不是一厢情愿的，需要信息来支撑，需要和现象相比对。

10.1.8 勤奋好学，但是回头即忘

作为一个有梦想的工程师，你一定会去关注新技术。

如果方法得当，在短期内依靠深入阅读文档、翻阅核心代码等手段，你往往可以快速地在几天内对一个系统形成基本的认知。

只可惜，大数据领域的技术日新月异，加上很多系统相对复杂的架构特点，决定了这些新技术往往信息量不小，如果你没有真正深入地实践过，通常很难形成有效的长期知识记忆。可能再过一个月，你刚掌握的内容就都忘得一干二净了。

于是，无论你多么勤奋努力地去拓展你的知识面，到头来可能的结果就是，所有这些努力都打了水漂，在你脑海中留下的，就只是各种人云亦云的皮毛概念和广告用语了。

按照互联网领域的说法，这是花了很多时间精力去拉新，但是在留存环节，效果却惨淡。

这种现象其实很普遍，毕竟人的脑容量是有限的，理论上，要解决这种情况有下面几条路可以走。

第一条，天赋异禀，容量超人，过目不忘。但你也不是儿童了，都成年了，估计很难有质的变化。

第二条，重要知识，印象深刻，选择性留存。最常见的就是通过实践，加深认识，反复接触相关知识，不断刷新巩固。但是如果你要追求知识面，很显然，你无法在所有的方面都投入这么多的时间。

第三条，借助外部存储单元，该备份的没备份，就算备份了，加载不回来怎么办？

所以，怎么办呢？有什么最佳实践吗？个人以为，可行的方法之一，是对相关的知识及时进行总结，而不仅仅是浏览。如何总结呢？固然没有绝对适合每个人的最佳方式，但是撰写一些具有分享性质的文档，不管是以外部的博客文章、公众号文章的形式，还是以内部 PPT 分享的形式，通常都会是一个相对有效的方法。

可能也会有很多同学说，我其实也有记笔记，但是我没有时间整理，另外，我也没想过通过分享扬名立万，就自己学习嘛，所以也没有写这类文档的需求。

对此我想说，分享固然是写这类文档的目的之一，但其实它只是一个副产品，更重要的是帮助自己提升知识留存的能力。如果你的学习笔记只是对各种知识点进行复制粘贴的摘要文档，缺乏整理，没有分享的价值。那么，这种类型的笔记对于你自己的价值，可能也远低于你的想象。

总之，花费的精力就要产生价值，做好留存工作，在一个需要长期积累的领域，很多时候可能比拉新更加重要，将来的激活成本也会低很多。

反面视角谈完了，再从正面鸡汤的角度总结一下吧：

- 有“钱途”的方向，未必适合你，除非你具备战胜 80%以上的跟风者的能力。
- “快速”学习的结果通常是欲速则不达，请学会思考，请阅读第一手资料。
- 阅读代码很重要，但比阅读代码更重要的是阅读问题。
- 知识面决定了你的广度，但信息不等于知识面，人云亦云的概念一钱不值。

- 在抱怨工作之前，先审视自身问题，毕竟改变自己更加容易，也更普遍有效。

最后再补充一句在食品安全反伪科学中常说的一句话："脱离剂量谈毒性，都是耍流氓"。上述所有问题，并无绝对的对错，重要的是对程度的把握，你是否认清了自己的目标，你所做的事情与你想要的结果是否能够匹配。

10.2 职业选择和我们早晚要面对的中年危机问题

这一节打算和大家讨论一下职业选择和中年危机问题。

什么，你说你还年轻，还是一个孩子？没关系，迟早有一天，你会面对这个问题的。而且，如果不提前准备，在多数情况下，当你再思考这个问题的时候，很可能木已成舟，为时已晚。

10.2.1 中年危机，要从娃娃抓起

中年危机是什么？我认为，简单来说，就是我们这些黄土已经埋到脖子的大叔们发自内心的一种焦虑的状态，对当前的生活、工作、家庭，或者对未来人生前景的不满或担忧。

但是，焦虑是中年人的专利吗？显然不是。无论古今中外、不论男女老幼，每个人都有各自的烦恼，只不过轻重缓急、名讳称呼不同罢了。从人群年龄来看，有儿童的叛逆、少年维特的烦恼、主妇的更年期；从社会时代的标签来看，有迷惘的一代、垮掉的一代等。

而不同的人，应对焦虑时的外在表现形式也各不相同。

- 无公害型的人：你称他逃避也好，叫他寻找自我也好，比如做嬉皮士或当和尚。
- 有负面作用的人：发泄型，怨天怨地怨社会的键盘侠；自我克制型，患有抑郁症。
- 再严重一点的，穷则上吊割脉跳楼，达则持枪报复社会。

总之，人生不如意十有八九。无论哪个年代，不管什么年纪，谁没有点麻烦事，大叔的中年危机，其实也并没有多么特殊，焦虑不是中年人的特权，只不过焦虑的人来到了中年。

因此，焦虑与否，多数情况下是由一个人的内在属性而非年龄或环境等外部因素所决定的。不过，在当今社会，人到中年的责任更大、压力更大，麻烦事更多，焦虑的状态也就更加容易被触发。

所以，只谈中年危机是一个伪命题，与其探寻避免危机的途径，不如在年轻的时候，想办法改变自己的易焦虑型体质，增强抵抗能力，否则，不出意外，你必然会中年危机。

总之，解决中年危机问题，要从娃娃抓起。至于我们这些大叔，不出意外，基本已经病入膏肓，无可救药了。

10.2.2　中年危机之抗焦虑指南

讨论完中年危机的问题背景，让我们来开始讨论应对方法。

要对抗焦虑，首先你得了解常见的焦虑来源都有哪些。考虑到中年人并不特殊，而年轻人也未必对大叔们焦虑的房子、孩子、职业瓶颈等问题有多少切身体会，所以，还是让我以大多数人都经历过的学生生活来举例吧。

- 从学前班开始，就要考虑别输在起跑线上。鸡血，体制外，补习班，夏令营，各种关键字。
- 上大学了，时间怎么分配？上课，托班，考证；游戏，社团，恋爱；实习，刷题，竞赛？
- 谈恋爱， 将来毕业不在一起怎么办？现实一点，还要考虑家庭背景，身体状况，基因情况？
- 玩游戏也不能消停。外挂，开黑，刷成就。
- 毕业了，是考研读博还是工作？出国，去哪个国家？找工作，公司有没有“钱途”？

严格来说，上述事情不全是焦虑的来源，有些可能是焦虑的外在表现。你可能要问，难道这些都应该放弃吗？你恐怕会怀疑，我是不是打算告诉你，做个佛性青年，“万物皆空，无欲则刚”吧？

NO，NO，NO！绝对不是，每个人都有选择自己生活方式的权利，方式的对错，我无权评判，也不打算评判。

况且，就像尤瓦尔在《人类简史》里讨论得最多的内容那样，人类社会数十万年的发展进步，对于身处其中的个体来说，未必更加幸福，大多数时候，可能更加痛苦，但无论如何，历史的洪流不会改变。很多事情是社会现实，我们必须面对。

所以，在当代社会，焦虑的来源众多，因噎废食显然不太现实，重要的是，如何缓解和抵抗焦虑？接下来让我们分析一下为什么上述这些事情会带来焦虑，它们导致焦虑的原因有什么共性？

客观地说，上述事情并无对错之分，和焦虑也没有必然联系，你看，面对这些事时，牛蛙，学霸，富二代们并不那么焦虑吧。

但如果你不巧偏偏在这些事情上表现出了焦虑，那么我认为，多半是因为你缺乏选择的自由，无论是因为不具备能力，没有选择的余地，还是不愿思考，不知道如何选择，又或者是迫于环境的压力，不得已而为之。总之，你做得并不那么舒服，但你却没有选择不做的自由。

不信，你依照上述事情去想想看，是不是都能匹配上。

没有人喜欢被约束，比如我家小朋友两三岁的时候，掌握得最熟练的人生逻辑就是反抗。你要他快点吃饭，偏一粒一粒夹着吃；你说再慢一点啊，他就生猛起来恨不得把头都埋进碗里。你帮他穿鞋，他要踢掉自己穿；让他自己穿鞋，他又非说不会穿。反正任何事情都不愿意让你摆布就是了。

因此，一旦一件事情没有选择，焦虑的祸根自然也就埋下了，这件事本身你喜欢当然没问题，如果不喜欢，却又无可奈何，如鲠在喉，不焦虑才怪。

比如人类从原始社会进步到农业社会，采集生活让步给农耕生活，社会整体生产效率提高了，养活了更多人。但在某种程度上，也造成了农民个体与土地的绑定，失去了选择生活方式的自由，日出而耕，日落而息，却往往因为一场天灾而逃不过饥荒，生存压力巨大。所以很长一段时间，农耕社会人类的平均寿命和幸福指数都远不如看似四处漂泊、居无定所的原始人类。

总之，自由是快乐的重要源泉，自由未必都会带来更好的结果，但自由一定有助于对抗焦虑，自由万岁！

10.2.3　如何才能获得自由

好了，假定你接受我的理论，同意自由的程度决定了你的焦虑程度。那么，如何才能获得自由？接下来我会从以下几个角度出发，分别探讨一下。

1．Money：需要多少钱，才能解决问题

能用钱解决的问题都不是问题，必须承认，钱多总不是坏事，你可能也会觉得，自己 90%的焦虑最终都和钱有关。

此话可能不假，不过，我想说的是，在达到一定程度的量变之前（比如先实现一个亿的小目标），钱多钱少对你的精神状态的影响，可能并没你想象中的那么大！也许你 90%的焦虑能用钱解决，但是这些看似解决的焦虑又会以升级的形态再次回到你身边。

以买房为例，小房子，大房子，联排别墅，独栋别墅，升级的路很长，所谓，道高一尺，魔高一丈。与人的欲望相关的焦虑，或许并不是没有尽头，但是它的尽头，比如买一个加勒比海小岛，你觉得你有多大概率能做得到呢？

不信，看看身边的人，就算年薪百万的同学，他们中多数人的生活和你的生活有本质的区别吗？除了在房车升级的路上比你走得远一点，他们是整天笑得像两百斤的孩子了，还是世界那么大，我要去看看了？没有，他们还是一样战战兢兢地在工作，纠结北上广，纠结学区房，纠结股市，纠结比特币，纠结一切。

所以，让我们面对现实，钱很重要，但多数人做不到自由的程度。而在对抗焦虑方面，它也没有你想象中的那么有效。90%的烦恼可能与财富有关，但多半不是财富本身，而是追求财富而不得的过程。所谓，吾之蜜糖，彼之砒霜。

最后，你是否发现，反过来说，你的 90%的快乐的源泉，其实和钱也没有多少关系。

2. Whatever：无所谓，一切都无所谓

Just don't care，反叛主流，及时行乐，20 世纪六七十年代的嬉皮士颓废派运动大概是很有代表性的一种现象，再激进一点的就是朋克运动。

追求物质生活那么艰难，到手了也未必能满足，内心也感觉不到幸福，Everything is Shit！那就用性、大麻、迷幻药和酒精来释放自我。

客观地说，这其实也是对抗焦虑的一种有效手段，反叛一切，就算惹不起，我也躲得起，营造一个自 High 的精神世界。

对大多数人来说，在当代社会，如此极端的做法未必适合。事实上，即使追捧嬉皮士文化的乔布斯，也饱受焦虑、抑郁和失眠的困扰。

那为什么我们还要在这里讨论这种问题的解决方案呢？ 因为，窃以为，这是一个度的问题，我们未必要极端地给自己打上反叛一切的非主流标签。但是，有时候，放弃一部分“标配”的生活，未必不是一种有效手段。

总之，认清自己选择做一件事的理由，“别人都这么做”“骄傲地晒朋友圈”“社会的成功标准”，这些理由都没有问题，问题是这是驱动你做这件事的唯一理由吗？如果是，那你可能要再考虑考虑。

3. Choice：选什么不重要，重要的是有选择的能力

“是谁出的题目这么难？到处都是正确答案！”

选择，从另一个角度来说，就是一个放弃的过程。这和我们设计产品和软件架构很类似，往往难的不是选择要做什么，而是选择不做什么。

但是在这里，我并不打算告诉你该做什么选择，又或者该放弃什么，事实上，我也没有能力给你这个答案。

我想强调的是，首先你应该具备选择的能力，而不是纠结于选择什么这件事本身。其实表面上，当你有很多选择，但又在为选什么而焦虑的时候，本质的原因还是你没得选。

比如，你不知道自己想要什么，不知道怎么选，那么你为什么不干脆不选呢？因为你没有不选的自由，你必须要选点什么。比如，你不知道做什么工作好，什么都不想做，那你为什么不能干脆不工作呢？因为你没有其他养家糊口的途径，你必须干点工作来赚钱。

再比如，你什么都想选，都不愿意放弃，又是为什么呢？因为你不想错过任何一个可能的收益，你担心不做任何一项选择可能带来的后果，本质上还是你没得选。考证、考研、考托、社团、竞赛，哪样都不敢落下；车子、票子、孩子，别人有的我也得有；炒房、炒币、炒股，不炒点什么就心慌；Java、Python、Rust、Go，要是不多学几样，会不会很快就被淘汰？

因此，当你发现，你以为你纠结的是选什么的时候，我可以负责任地告诉你，让你纠结的不是这些选项，而是你早已做出的选择。

你以为你是在焦虑该学习什么语言，哪门语言有前途的问题吗？不是的，你焦虑的是不学点新语言，自己就会被淘汰这个问题。而这个问题，在你看来只有唯一的选项，就是无论如何，必须学点什么。

你以为你焦虑的是哪家公司，哪份工作未来的收益更好吗？不是的，你焦虑的是现在如果不抓住机会，将自己的财富收益最大化，将来你也没有能力获取更好的回报。在你看来，快速变现是你兑现个人价值最保险的途径。

所以，无论选什么你都会焦虑。选之前焦虑，选完以后继续焦虑，因为这些表面的可选项，和你内心真正担忧的问题压根就不是一个维度的。

因此，要让自己真正有选择的余地，你需要具备创造真正选项的能力，事实上，如果能做到这一点，那么选什么也就不重要了。

4. Plan：自律给我自由

财富的累积，心态的调整，能力的培养，都不是一蹴而就的，而且，在现实生活中，上述事情因人因时而异，并没有标准的解决方案。还有没有其他通用的手段，能够快速有效地治疗焦虑呢？

如果你指望不费吹灰之力，就有立竿见影的效果，那么很遗憾，没有！至少我没有这种绝招。但如果你希望的是只要努力，就能改变的方法，那我觉得还是有的，比如做“计划”。

为什么这么说呢？因为，焦虑的感受其实近似地可以表述为：对将要发生的事情的极度担忧，但又无法掌控的心理状态。

这时候，如果作为旁观者，你肯定会说，焦虑并没有用，要想想怎么解决问题才是王道。是的，旁观者清，但事到临头，压力之下，腾挪的空间也有限。所以，当多数人身处其中时，所做的选择多半都是短视的。

正如《稀缺》这本书中所探讨的那样，为什么穷人看起来总是在做一些饮鸩止渴的行为？因为当贫穷成为一种心理压力的时候，它就占据了大部分的思维带宽，进而导致你的理性判断能力下降。

而当我们身处焦虑之中时，表现出来的行为也可以套用类似的理论来解释，对一件事情的结果本身的焦虑占据了我们的思维带宽，导致我们没有足够的精力去思考如何更好地解决问题。

想要强制将自己拉离这个状态其实很困难，所以最好的办法是在身陷其中之前，提前做好计划，在你的思维和心态更加健全的时候，着手寻找解决方案。

有同学可能要问，因为害怕深陷其中，而提前做计划，这难道不也是焦虑的一种体现吗？

比如末日生存派爱好者，他们热衷于各种天灾人祸的应急准备工作，最常见的就是筹备 EDC（Every Day Carry），每日随身携带。

只有 EDC 还不够，EDC 只是短时间、短距离的过渡，为取得下一步行动所需要的资源做准备的工具。这之后，还要储备 PSK（Personal Survial Kit，个人生存包）和 BOB（Bug Out Bag，跑路全能包），大范围转移生存派还会储备 BOV（Bug Out Vehicle，跑路装用车）等。《僵尸生存指南》《打造完美生存工具包》等书籍可能是他们的日常读物。你看，这是不是有一点过度焦虑的感觉？

某种程度上，你的确可以认为，做计划也是焦虑的一种表现形式。不过，长痛不如短痛。实际上，做计划最让人焦虑的部分，就是促使你去面对问题，逼迫你去权衡收益和代价，更重要的是，敦促你思考解决方案，而不是仅仅担忧问题本身。如果你不是敷衍了事，计划完成以后，你的心理负担往往也就消除了大半。无论最终执行结果如何，最起码，你可以暂时忘记问题本身，专注执行过程。不要时时刻刻评估自己的行为得失，这样，总体代价和焦虑感可能就会小很多。

这么说太抽象，举一个例子，比如，有朋友圈焦虑症的同学，总是克制不住自己，随时随地反复刷着朋友圈。而提升自己的自制力，在这时候多半并不太管用。怎么解决呢？你当然没有必要极端到关闭朋友圈，卖掉手机做个与世隔绝的顽固派。但你可以为自己的时间做好计划，决定什么时候刷朋友圈。比如，在微信设置中关闭消息提醒，在工作学习期间关掉移动网络，进而更容易做到集中时间定期浏览信息。这么做，可能远比你时刻挣扎着控制自己，不去理会手机上闪烁的信号灯来得有效。

5. Consequence：最坏又能咋样？

好了，选择做完了，计划排好了，你还是焦虑，怎么办？很简单，做了选择，就别后悔。

实际上，只要选择的后果在你的承受范围之内，那自然也就不那么容易焦虑，也就无须后悔，比如你会焦虑今天中午在哪里吃饭吗？

但就怕绝不后悔，这么豪迈的一句话，背后其实是打碎了牙齿往肚子里面咽。

所以，大无畏的精神我们要有，但最好建立在有准备的基础上。选了就不后悔，前提是你对选择的结果做过最坏的打算。

你可能会说，最坏的结果如果我不能接受呢？比如开车，可能会发生车祸，人会死的，这个结果我不能接受，那我就不开车了吗？好吧，我们不是谈哲学，极端概率的讨论并没有意义。但话说回来，万一真的发生这个结果，其实你也没有什么不好接受的，毕竟你已经长眠地下了。真正难以接受的是你的家人，所以，如果真的担心这个结果，那赶紧买好人身意外保险吧。

做好最坏的打算，其实在某种意义上来说，不等于破罐子破摔的心理建设，而在于你还有退路，还有其他计划，略微思考一下你应该就会同意我的说法。

总之，为最坏的结果做好心理建设和必要的准备工作，让自己对未来有一个底线的安排。

10.2.4 中年危机小结

下面简单再总结一下。

- 中年危机的本质与年纪无关，它只是焦虑这个普遍问题的阶段性表现，解决中年危机问题要从娃娃抓起。
- 要想有效地对抗焦虑，最重要的是拥有自由选择的能力。
- 提前计划，不要在焦虑已经占据你的思维带宽的时候才来寻找解决方案。
- 认清事情的本质，关注解决方案，而非问题，不要沉浸于烦恼本身，别让烦恼自我繁殖。
- 面对客观现实，做好应对最坏结果的准备，适度控制风险。

10.2.5 案例

案例一：来一场说走就走的旅行

理论太虚，套上实际事例来实战一下，讨论学区房问题太沉重，讨论一下旅行这个轻松的话题吧。

“世界那么大，我要去看看，总是想要来一场无拘无束的自助旅行，但最后还是宅在了家里。”这应该也算是一种焦虑的表现吧，那么障碍在哪呢？

首要的是钱的问题。很多人总会觉得，没有钱是阻止自己随心所欲地旅行的最大原因。

那么财富可以赋予你自由自在地去旅游的能力吗？对多数人来说，其实未必，如果没有其他能力辅助，有钱的结果，通常是以前你跟的是低价坑爹团，现在你可以参加豪华购物团了，你的自由还是由别人来掌控。

自助旅行要克服的第二个障碍是行程的安排，也是最常见的焦虑来源之一，如何克服这一焦虑呢？

一种极端的行为是完全不做计划，哪天工作不开心就去东南亚逛上半年，也没有明确的目标，想留就留，想走就走，Lonely Planet 是这类同学的真爱（其他同学的 Lonely Planet 大概都在书架落灰），没有计划，都靠现查。

如果你常接触各种自助旅行社区，你会发现，这种一切都无所谓的粗犷行为，常发生在单身青少年女性同胞身上，社区中寻找旅行伙伴的也多半是年轻女性。原因很简单，一来，女性对旅行的态度相对偏感性，对人文的感受大于对风景的追求，所以去哪里相对不重要，只要脱离日常的生活环境就好。而且，单身年轻女性的社会生存压力相对比较小，因为养家糊口的义务和危机感按照社会传统观念，通常都落在男生身上，换句话说，因为耗得起时间和精力，所以旅行的效率有时并不重要。

当然，即便在女性群体中，敢于这样做的也是少数，多数人还是会做功课的。毕竟出门在外，若找不到住的地方，难道要露宿街头？买不到机票，回不了家又该怎么办？

所以另一个极端的行为，就是做功课事无巨细，路线，景点，交通，住宿，看什么，在哪吃饭，预订酒店，购买机票、车票、船票，能提前准备的全部准备好，一切力求完美。

作为一个秩序感很强的同学（当然，也是因为穷啊，好容易才出去一趟），我也这么做过一段时间，说实话，慢慢的也觉得有些累。虽然你的目标是高效而又饱满的行程，希望尽可能规避风险，希望在有限的时间内尽可能获得更多的体验。但你在整个行程中，可能总有一种与时间赛跑的感觉，堪比极速前进这个真人秀节目，人家参与者为的是百万美元的奖励，而你的目标只是最后能够写一篇看起来很精彩的游记吗？

所以，渐渐的，我也改变了行为方式，习惯使然，功课我还是会做，但目标不是为了饱满的行程，而是为了应对可能的变化，做好预备计划。换句话说，我还是不能接受没有目标、随心而动的旅行方式，我需要知道可以做什么，需要有最差的方案兜底，但实际执行的时候，也不再纠结计划是否完美执行，可以放弃一部分计划，来换取更好的旅行体验。

案例二：找工作的问题

技术会变革，但对人的核心能力的要求从来都没有改变。

本节要讨论中年危机，不谈谈工作问题总感觉有点耍流氓，所以尽管我也不是成功人士，但还是纸上谈兵，再简单讨论两句如何应对工作选择的问题吧。

如前文所述，个人认为，一个人最终选择做什么工作其实不那么重要，重要的是你有选择做什么工作的能力和自由。同样套一下前面我们所讨论过的理论。

如何选择：选你擅长的工作，而不是一味选择热门工作，因为热门的工作未必留给你足够的选择空间，如果你做的只是对应工作中最容易被替换的部分，那你永远会担心自己会不会被淘汰。而相反，无论是否热门，只要有价值的工作，总会给做得好的同学留下足够的回报空间。

关注能力建设：不要企图寻找一个稳定的工作，或者一项永远吃香的技能。工作内容会变，技能需求会调整，注意方法论的培养，让你解决问题的能力具备普适性。以编程为例，各种语言的快速入门书看得很多，而编程思想和设计模式之类的书却很少花时间看，显然也就不具备普适能力。

善于做计划：不要轻易安于现状，得过且过，想想几年后你该做什么，你还能做什么，给自己设定一些学习目标，目标未必都是技术方面的，也可能是产品、沟通、管理等维度。说到底，这些都是解决问题的手段，没有孰优孰劣，只有适不适合，主动变革强于被动调整。

接受最坏的结果：不要幻想你永远向前，向上的总是少数人，这是统计规律，再说人生还有意外呢？做好准备，比如：适当理财，拒绝过度消费，购买保险，养儿防老等，做好最坏的打算。

总之，人生就是一场解决问题的旅程，焦虑在所难免，但适度的危机感也未必是坏事。重要的是，不要让焦虑过度影响你的判断，尽量让自己具备主动选择未来的能力。

无论各位读者将来是否从事大数据平台开发工作，都真心祝愿各位在工作和生活中能直面问题，客观冷静地寻找解决方案，用正确的方法论和价值观为自己赢得一个充实且有价值的人生。